ChatGPT 4

应用详解

木白 编著

用

AI文案+AI绘画+AI视频+GPTs

U0201650

北京大学出版社
PEKING UNIVERSITY PRESS

内 容 提 要

12 大专题讲解 +31 个温馨提示 + 70 多个效果文件 +208 页 PPT 教学课件 + 210 多分钟教学视频 + 280 多张精美插图，随书还提供了 200 多个提示词等资源，帮助读者从入门到精通，快速掌握 ChatGPT 4 的操作技巧。全书共分为 5 篇，具体内容如下：

AI 提示篇介绍了 ChatGPT 4 的基本操作，以及优化 AI 提示让回答更加精准等内容。

AI 文案篇介绍了 ChatGPT 4 生成优质文案的方法，以及电商、新媒体等常见案例。

AI 绘画篇介绍了 DALL·E 3 的使用技巧，以及绘画指令和艺术、海报等 AI 绘画案例。

AI 视频篇介绍了运用 CapCut VideoGPT 与 Visla Video Maker 生成 AI 视频的操作方法。

GPTs 篇介绍了使用 GPTs 实现高效化学习和提高工作效率的方法，如用 Diagrams: Show Me 绘制图表、用 Wolfram 处理专业性问题、用 Doc Maker 生成高质量文档、用 PDF Ai PDF 快速分析文档。

本书适合想要了解 ChatGPT 4 和 GPTs 的读者，包括 AI 文案创作者、AI 绘画爱好者等，以及相关行业从业者，包括文案工作者、营销人员、自媒体人、视频剪辑师、插画设计师、包装设计师、电商美工人员、插图师、影视制作人员等阅读，也可作为相关培训机构、职业院校的参考教材。

图书在版编目（CIP）数据

ChatGPT 4 应用详解：AI 文案 + AI 绘画 + AI 视频 + GPTs / 木白编著 . -- 北京：北京大学出版社，2024.11. -- ISBN 978-7-301-35649-4

Ⅰ . TP18

中国国家版本馆 CIP 数据核字第 20245UL052 号

书　　　名	ChatGPT 4 应用详解：AI 文案 + AI 绘画 + AI 视频 + GPTs	
	CHATGPT 4 YINGYONG XIANGJIE: AI WEN'AN + AI HUIHUA + AI SHIPIN + GPTS	
著作责任者	木白　编著	
责 任 编 辑	刘云　蒲玉茜	
标 准 书 号	ISBN 978-7-301-35649-4	
出 版 发 行	北京大学出版社	
地　　　址	北京市海淀区成府路 205 号　　100871	
网　　　址	http://www.pup.cn　　新浪微博：@ 北京大学出版社	
电 子 邮 箱	编辑部 pup7@pup.cn　总编室 zpup@pup.cn	
电　　　话	邮购部 010-62752015　发行部 010-62750672　编辑部 010-62570390	
印 刷 者	北京宏伟双华印刷有限公司	
经 销 者	新华书店	
	787 毫米 ×1092 毫米　16 开本　13 印张　354 千字	
	2024 年 11 月第 1 版　2024 年 11 月第 1 次印刷	
印　　　数	1-4000 册	
定　　　价	79.00 元	

前　言

写作驱动

ChatGPT 是由 OpenAI 开发的一款基于人工智能的聊天机器人模型，它是基于 GPT 架构的一种应用，专门用于生成人类风格的文本回复。GPT 模型是通过大量的文本数据进行预训练的，能够理解和生成自然语言文本。

每个 GPT 版本的改进目的都是提高模型的语言理解和生成能力，从而使其在各种自然语言处理任务（包括文本生成、翻译、问答和摘要等）中表现得更好。如今 ChatGPT 已经更新到第 4 代，也就是 ChatGPT 4，与之而来的还有许多功能不同的 GPTs。

GPTs 是 OpenAI 最新推出的一系列功能各异的 GPT 模型，在 GPTs 商店中可以搜索和查找各种功能不同的 GPTs，就如同手机应用一样。GPTs 与第三方插件相似，但不同的是安装与使用过程更加方便，可以使用户更快上手。本书一共精选了 7 种功能不同的 GPTs，包括 DALL · E、CapCut VideoGPT、Visla Video Maker、Diagrams: Show Me、Wolfram、Doc Maker 以及 PDF Ai PDF。

本书共有 12 章专题内容，讲解了 140 多个实操案例，帮助用户快速掌握 ChatGPT 4 中的核心功能。

本书特色

本书的特色如下：

① **70 多个效果文件**：随书附送的资源中包括效果文件 70 多个，涉及图片、视频和文案等多种类型，供读者使用。

② **200 多个提示词**：为了方便读者，本书特将实例中用到的关键词进行了整理。大家可以直接使用这些提示词和描述词，快速生成相似的文案，获得与本书相近的效果。

③ **210 多分钟的视频演示**：针对本书中的软件操作技能实例，全部录制了带语音讲解的视频。视频重现书中所有实例的操作方法和步骤，帮助读者结合书本，或独立地观看视频演示，像看电影一样进行学习，让学习更加轻松。

④ **140 多个实例演练**：本书将 ChatGPT 4 的各项内容细分，配备了 140 多个精辟范例的设计与制作方法，帮助读者在掌握 ChatGPT 4 基础知识的同时，灵活运用各种指令参数进行相应实例的制作，从而提高读者的 AI 创作水平。书中介绍了多种 GPTs 应用，并详细讲述了安装和使用的方法，用户可以通过安装各种 GPTs 实现不同的功能，提升工作效率。

⑤ **280 多张图片全程图解**：本书通过 280 多张图片对书中的内容、实例讲解及效果展示进行了全程式的图解，让实例的内容更通俗易懂，读者可以一目了然，快速领会，举一反三，制作出更多精彩的效果。

获取资源

读者可以用微信"扫一扫"功能扫描下方二维码,关注"博雅读书社"微信公众号,输入本书 77 页的资源下载码,根据提示获取资源。

特别提示

(1)版本更新:本书在编写时,是基于当时各种 AI 工具和软件的界面截取的实际操作图片,但本书从编辑到出版需要一段时间,这些工具的功能和界面可能会有变动,请在阅读时,根据书中的思路举一反三地进行学习。

(2)提示词的定义:提示词也称为关键字、关键词、描述词、输入词、代码等,网上很多用户也将其称为"咒语"。

(3)提示词的使用:在使用 ChatGPT 和 GPTs 时可以使用中文提示词,但即使是相同的提示词,AI 工具每次生成的文案、图片或视频内容也会有差别,基于算法与算力得出的结果会不一样,所以大家看到书里的截图与视频会有所区别。

(4)关于会员功能:ChatGPT 4 与 GPTs 的各种功能,需要订阅 ChatGPT Plus 才能使用。对于 AI 绘画爱好者,建议订阅 ChatGPT Plus,这样就能使用更多的功能并得到更多的玩法体验。

读者售后

本书由木白编著,参与编写的人员有向航志等。由于作者知识水平有限,书中难免有疏漏之处,恳请广大读者批评、指正,沟通和交流请联系微信:2633228153。

目录

第12章　职场办公：用AI工具提升工作效率与质量

AI 提示篇

第 1 章　快速上手：
熟悉 ChatGPT 4 的基本操作

ChatGPT 是由 OpenAI 开发的一种基于人工智能的聊天机器人，它使用了自然语言处理和深度学习等技术，能够理解和使用自然语言，与用户进行流畅的对话。本章将介绍 ChatGPT 4 有哪些优势，并详细讲述 ChatGPT 4 的基本操作方法。

1.1 了解ChatGPT 4的优势

OpenAI 会定期更新 GPT（Generative Pre-trained Transformer，生成式预训练变换器）模型，每个版本的 GPT 模型都是基于不同的技术规范和数据集进行训练的，因此它们在性能、功能和应用方面有所不同。

目前，ChatGPT 推出了 ChatGPT 4 版本，ChatGPT 4 所搭载的 GPT-4 是最新的 GPT 模型，相较于上个版本 ChatGPT 3.5 所搭载的 GPT-3.5 模型有许多性能上的提升。本节将详细介绍 ChatGPT 4 有哪些优势，让用户对 ChatGPT 4 更加了解。

1.1.1 实用的第三方插件

ChatGPT 4 可以通过安装各种第三方插件（Plugins）实现不同的功能。例如，使用插件搜索关于室内设计的论文，如图 1-1 所示。

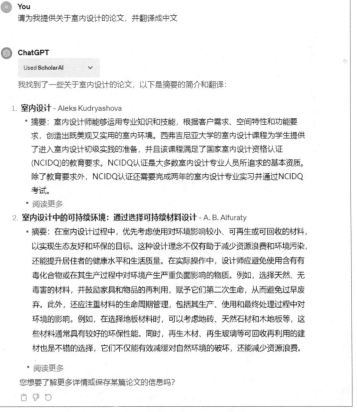

图 1-1　使用插件搜索室内设计的论文

简单来讲，插件功能就是 ChatGPT 可以连接第三方的 API（Application Programming Interface，应用程序编程接口），调用第三方的插件，以此增强 ChatGPT 的功能并执行更加广泛的操作。图 1-2 所示为使用插件搜索酒店信息的效果。

图 1-2　使用插件搜索航班信息

1.1.2　更自然的生成效果

ChatGPT 4 的生成效果相比于 ChatGPT 3.5 更加自然、流畅，更符合人类语言的表达方式，具体表现在以下几点，如图 1-3 所示。

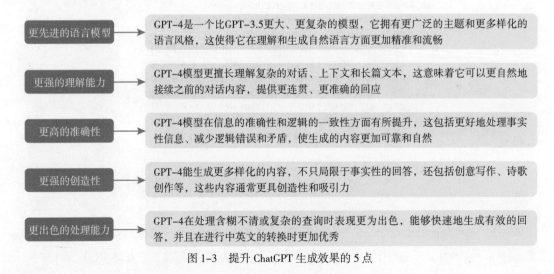

图 1-3　提升 ChatGPT 生成效果的 5 点

1.1.3 更丰富的训练数据

ChatGPT 4 相比于 ChatGPT 3.5 拥有更丰富的训练数据，这意味着在构建和训练这个模型时，使用了更多样化和广泛的文本信息，这些改进在以下 3 个方面对模型的性能有显著影响，如图 1-4 所示。

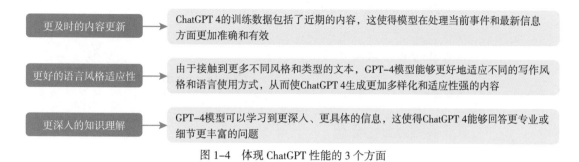

图 1-4　体现 ChatGPT 性能的 3 个方面

1.2　ChatGPT 4的注册与实操

通过上一节的讲述，我们已经了解了 GPT-4 模型各方面的优势。本节将为大家介绍 ChatGPT 4 的注册与实操方法，帮助大家快速上手 ChatGPT 4。

1.2.1 注册与登录 ChatGPT 4

要使用 ChatGPT，用户首先要注册一个 OpenAI 账号，GPT-4 模型需要订阅 ChatGPT Plus（会员）才可以使用，ChatGPT Plus 是按月收费的，每月需要 20 美元。下面简单介绍 ChatGPT 的注册与登录方法。

步骤 01 在浏览器中打开 ChatGPT 的官网，单击页面右侧的 Sign up（注册）按钮，如图 1-5 所示。

图 1-5　单击 Sign up 按钮

已经注册了账号的用户，在此处直接单击 Log in（登录）按钮，输入相应的邮箱账号和密码，即可登录 ChatGPT。

步骤 02 执行操作后，进入 Create your account（创建您的账户）页面，输入相应的邮箱账号，如图 1-6 所示，也可以在下方使用微软、谷歌或苹果账号进行登录。

步骤 03 单击"继续"按钮，在下方的输入框中输入相应的密码（至少 12 个字符），如图 1-7 所示。

步骤 04 单击"继续"按钮，确认邮箱信息后，系统会提示用户输入姓名和进行手机验证，按照要求进行设置即可完成注册，随后就可以使用 ChatGPT 了。

图 1-6 输入相应的邮箱账号　　　　　　　　图 1-7 输入相应的密码

1.2.2 切换 ChatGPT 4 版本

要想体验 ChatGPT 4 的全部功能，需要将模型的版本切换至 GPT-4，也就是 ChatGPT 4。下面介绍具体的操作方法。

步骤 01 进入 ChatGPT 主页，展开 ChatGPT 的侧边栏，单击主页左下角的用户名，如图 1-8 所示。

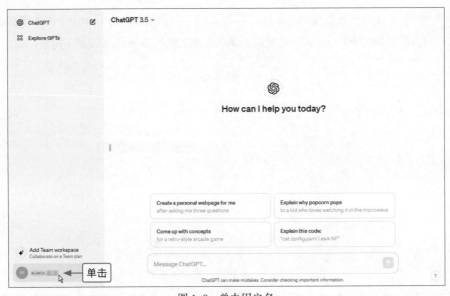

图 1-8 单击用户名

步骤 02 执行操作后，在弹出的列表框中选择 Settings（设置）选项，如图 1-9 所示。

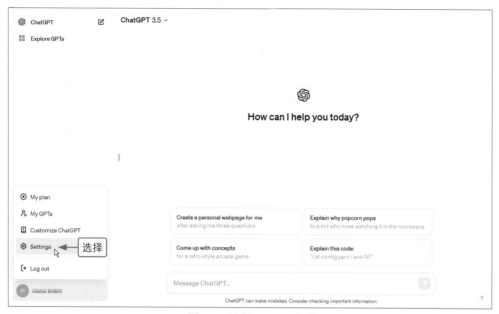

图 1-9 选择 Settings 选项

步骤 03 在 General（通用）选项卡中，单击 Language (Alpha) 右侧的下拉按钮❤，在弹出的列表框中选择"简体中文"选项，如图 1-10 所示。

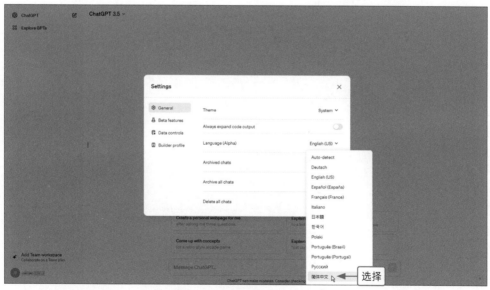

图 1-10 选择"简体中文"选项

Alpha 通常是指 Alpha 测试，意思是软件处于开发过程中的内部测试阶段，通常由开发团队进行。

步骤 04 执行操作后，即可将 ChatGPT 的语言设置为中文。回到 ChatGPT 主页，单击页面左上方 ChatGPT 3.5 旁的下拉按钮❤，弹出相应的列表框，如图 1-11 所示。

步骤 05 在弹出的列表框中选中 GPT-4 复选框，如图 1-12 所示，切换至 ChatGPT 4 版本。

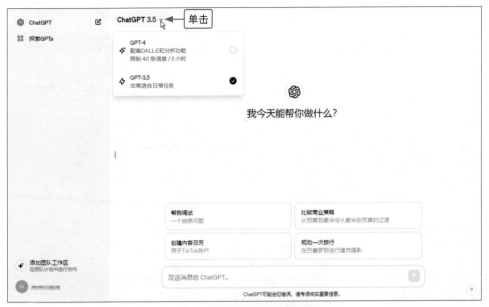

图 1-11 弹出相应的列表框

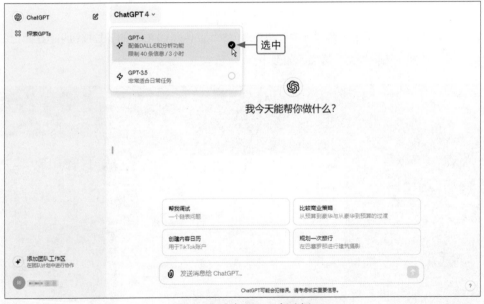

图 1-12 选中 GPT-4 复选框

1.2.3 用 ChatGPT 4 生成文案

接下来介绍使用 ChatGPT 4 生成文案的操作方法。登录 ChatGPT，进入 ChatGPT 主页的聊天窗口，用户可以输入任何问题或话题，ChatGPT 将尝试回答并提供与主题相关的信息，具体操作方法如下。

步骤 01 进入 ChatGPT 的主页，单击底部的输入框，如图 1-13 所示。

步骤 02 在输入框中输入相应的提示词，如图 1-14 所示。

步骤 03 单击输入框右侧的发送按钮↑或按【Enter】键，ChatGPT 即可根据用户输入的提示词生成相应的文案，如图 1-15 所示。

图 1-13　单击底部的输入框

图 1-14　输入相应的提示词

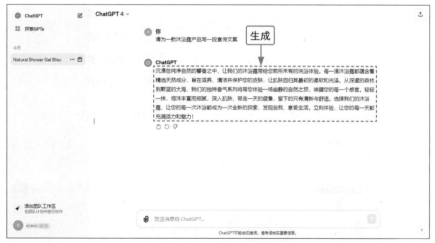

图 1-15　ChatGPT 生成相应的文案

　　需要注意的是，ChatGPT 生成的内容并非完全正确，有时候会出现一些误差，用户需要根据实际情况自行判断，对 ChatGPT 生成的内容进行筛选。

1.3 管理ChatGPT的聊天窗口

在 ChatGPT 中，默认用户每次登录账号后都会进入一个新的聊天窗口，而之前建立的聊天窗口会自动保存在左侧的侧边栏中，用户可以根据需要对聊天窗口进行管理，包括新建、重命名以及删除等。

通过管理 ChatGPT 的聊天窗口，用户可以熟悉 ChatGPT 平台的相关操作，也可以让 ChatGPT 更有序、高效地为我所用。本节将介绍管理 ChatGPT 的聊天窗口的方法。

1.3.1 新建聊天窗口

在 ChatGPT 中，当用户想用一个新的主题与 ChatGPT 开始一段新的对话时，可以保留当前聊天窗口中的对话记录，新建一个聊天窗口。下面介绍具体的操作方法。

步骤 01 打开 ChatGPT 并进入一个使用过的聊天窗口，在侧边栏的上方单击"新的聊天"按钮，如图 1-16 所示。

图 1-16 单击"新的聊天"按钮

步骤 02 执行操作后，即可新建一个聊天窗口，在输入框中输入提示词，如图 1-17 所示。

图 1-17 输入相应的提示词

步骤 03 按【Enter】键确认，即可与 ChatGPT 开始对话，ChatGPT 会根据要求创作诗歌，如图 1-18 所示。

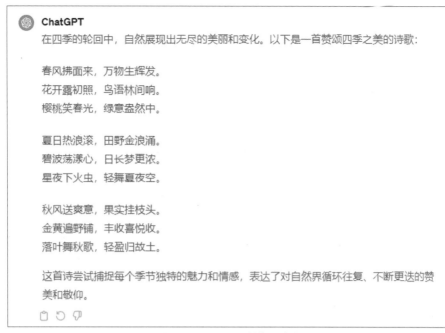

图 1-18　ChatGPT 创作的诗歌

1.3.2　重命名聊天窗口

在 ChatGPT 的聊天窗口中生成对话后，聊天窗口会自动命名，如果用户觉得不满意，可以对聊天窗口进行重命名操作。下面介绍具体的操作方法。

步骤 01　以上一实例中新建的聊天窗口为例，在侧边栏中单击聊天窗口旁边的"更多"按钮 ，如图 1-19 所示。

图 1-19　单击"更多"按钮

步骤 02　在弹出的列表框中选择"重命名"选项，如图 1-20 所示。

步骤 03　执行上述操作后，即可呈现编辑文本框，在文本框中可以修改聊天窗口的名称，如图 1-21 所示。

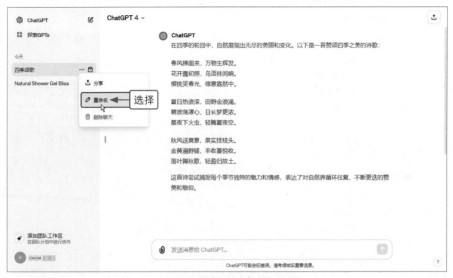

图 1-20 选择"重命名"选项

图 1-21 修改聊天窗口的名称

步骤 04 按【Enter】键确认,即可完成对聊天窗口的重命名操作。

1.3.3 删除聊天窗口

用户在 ChatGPT 聊天窗口中完成了当前话题的对话,如果不想保留聊天记录,可以将 ChatGPT 聊天窗口删除。下面介绍具体的操作方法。

步骤 01 在侧边栏中单击聊天窗口旁边的"更多"按钮 ···· ,在弹出的列表框中选择"删除聊天"选项,如图 1-22 所示。

步骤 02 执行操作后,弹出"确认删除此对话?"对话框,单击"确认删除"按钮,如图 1-23 所示,即可删除该聊天窗口。

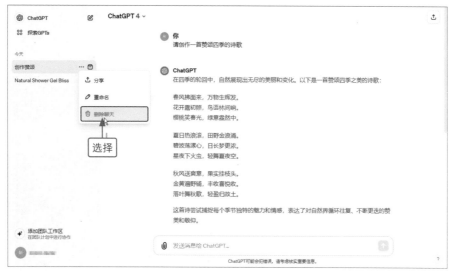

图 1-22　选择"删除聊天"选项

图 1-23　单击"确认删除"按钮

如果确定删除聊天窗口，则单击"确认删除"按钮；如果不想删除聊天窗口，则单击"取消"按钮。

1.4　安装与使用ChatGPT插件

ChatGPT 4 可以通过第三方插件来实现不同的功能，本节将详细介绍 ChatGPT 4 中插件的安装与使用方法。

1.4.1　启用第三方插件

要想使用 ChatGPT 4 的插件，必须将设置中的插件功能开启。下面将详细介绍具体的操作方法。

步骤 01　展开 ChatGPT 的侧边栏，单击左下角的用户名，如图 1-24 所示。

步骤 02　在弹出的列表框中选择"设置"选项，如图 1-25 所示。

图 1-24　单击用户名

图 1-25　选择"设置"选项

步骤 03　弹出"设置"面板，在左侧选择"Beta 特性"选项卡，如图 1-26 所示。

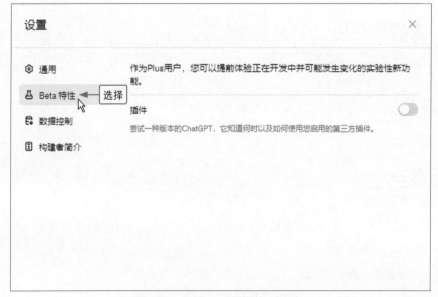

图 1-26　选择"Beta 特性"选项卡

步骤 04 在选项卡中单击"插件"开关，如图 1-27 所示，即可开启插件功能。

图 1-27　单击"插件"开关

1.4.2 搜索并安装插件

第三方插件并不能在我们开启功能后直接使用，需要先安装插件才能继续使用。每个插件都有不一样的功能或效果，用户可以根据自身的需求搜索并安装插件。下面介绍具体的操作方法。

步骤 01 进入 ChatGPT 主页，单击页面左上方 ChatGPT 4 旁边的下拉按钮 ，在弹出的列表框中选择 Plugins 选项，如图 1-28 所示。

图 1-28　选中 Plugins 选项

步骤 02 执行操作后，即可切换至 ChatGPT Plugins 模型，在 ChatGPT Plugins 旁边显示着插件的状态栏，如图 1-29 所示。

图 1-29　显示插件状态栏

> ChatGPT Plugins 使用的也是 GPT-4 模型，因此可以将其视为搭载了插件功能的 ChatGPT 4。

步骤 03 　单击插件状态栏旁边的下拉按钮✓，在弹出的列表框中，选择 Plugins store（插件商店）
选项，如图 1-30 所示。

图 1-30　选择 Plugins store 选项

步骤 04 　执行操作后，弹出"插件商店"面板，如图 1-31 所示，用户可以在此安装想要的插件。

步骤 05 　在搜索框中输入想要获取的插件的名称，例如"Expedia"，如图 1-32 所示。执行操作后，
下方将显示插件的相关信息，该插件可以快速获取酒店的信息。

步骤 06 　单击"安装"按钮，如图 1-33 所示，稍等片刻，即可安装插件。

图 1-31 "插件商店"面板

图 1-32 输入 Expedia

图 1-33 单击"安装"按钮

步骤 07 回到 ChatGPT 主页，单击插件状态栏旁边的下拉按钮 ，在弹出的下拉列表框中可以看到已安装的插件，如图 1-34 所示。在默认情况下，安装后的插件会自动进入开启状态，取消选中插件旁的复选框可以将其关闭。

图 1-34 单击状态栏旁边的下拉按钮

在 Plugins store 面板中有 4 个选项卡，它们的具体功能如下。
· Popular（受喜爱的）：在该选项卡中可以查看用户使用量最多的插件。
· New（新的）：在该选项卡中可以查看最新推出的插件。
· All（所有）：在该选项卡中可以查看 Plugins store 中所有的第三方插件。
· Installed（安装）：在该选项卡中可以查看目前已安装的插件。

1.4.3 快速上手使用插件

在 ChatGPT 中安装了需要使用的插件后，我们就可以使用该插件进行操作了。下面将介绍使用插件的操作方法。

步骤 01 在 ChatGPT 的输入框中输入相应的提示词，如图 1-35 所示。

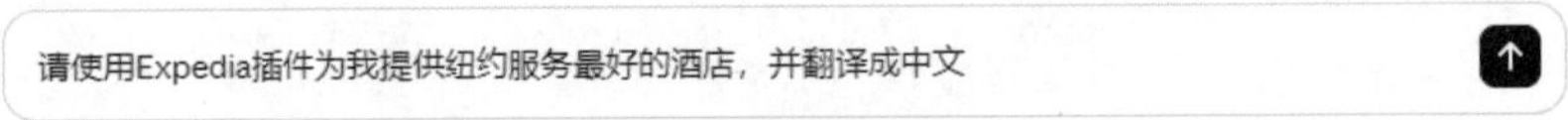

> 请使用Expedia插件为我提供纽约服务最好的酒店，并翻译成中文　　　　↑

图 1-35　输入相应的提示词

步骤 02 按【Enter】键确认，ChatGPT 就会通过 Expedia 插件提供酒店的信息，并附上酒店的预订链接，如图 1-36 所示。

图 1-36　ChatGPT 通过插件提供酒店信息

本章小结

本章为读者介绍了 ChatGPT 4 的基本信息和主要优势，并讲解了 ChatGPT 的注册与实操、管理 ChatGPT 聊天窗口，以及安装与使用 ChatGPT 插件的方法，通过实操练习让读者能够初步运用 ChatGPT。

课后实训

下面尝试安装 ChatGPT 中的 ScholarAI 插件，具体的操作方法如下。

步骤 01 进入 ChatGPT 主页，切换至 ChatGPT Plugins 模型，随后进入"插件商店"面板，在搜索框中输入 ScholarAI，如图 1-37 所示。

图 1-37　在搜索框中输入插件的名称

步骤 02 执行操作后，将在下方显示插件的信息，单击"安装"按钮，如图 1-38 所示。

步骤 03 进入 ScholarAI 的订阅网站，输入相应的邮箱账号，单击 Request code（请求代码）按钮，如图 1-39 所示。

图 1-38　单击"安装"按钮

图 1-39　单击 Request code 按钮

步骤 04 ScholarAI 会向用户提供的邮箱账号发送验证码，用户将收到的验证码输入至输入框中，单击 Verify code（验证代码）按钮，如图 1-40 所示。

步骤 05 执行操作后，单击 Authorize（授权）按钮，即可成功安装 ScholarAI 插件，如图 1-41 所示。

图 1-40　单击 Verify code 按钮

图 1-41　单击 Authorize 按钮

第 2 章　提问技巧：
让 ChatGPT 4 给你想要的答案

基于对 ChatGPT 的了解，我们知道 ChatGPT 发挥作用的关键在于提示词设置的水平。本章将介绍一些有效的方法，帮助大家掌握编写 ChatGPT 提示词的技巧。

2.1 初级提问技巧

掌握一些提问的技巧和改变相应的参数可以提升 ChatGPT 的实用性，让 ChatGPT 更好地为我们服务。本节将介绍使用 ChatGPT 写文案的基本技巧，让用户在使用 ChatGPT 时得心应手。

2.1.1 学会逻辑思考

想要 ChatGPT 深刻理解我们所提出的问题，可以尝试在提问时加入相应的指令，让 ChatGPT 学会逻辑思考，生成令我们满意的答案。

采用指令模板让 ChatGPT 学会逻辑思考的示例如下。

 提问

什么是人工智能？

 ChatGPT

人工智能（Artificial Intelligence，简称 AI）是计算机科学的一个分支，它旨在创建能够执行需要人类智能的任务的计算机系统。这些任务包括语言理解、声音识别、学习、规划、问题解决等。人工智能可以分为两个主要类型：弱人工智能和强人工智能。

1. **弱人工智能**：也称为窄人工智能 (Narrow AI)，是一种局限于特定任务领域的智能系统，不具备人类智能的广泛能力。现今大多数的人工智能应用，如语音助手、图像识别软件、推荐系统等，都属于弱人工智能。

2. **强人工智能**：也称为全能人工智能 (Genera AI)，是一种在任何知识领域都能执行任务的智能系统，这种人工智能的表现与人类智能相当或超过人类智能。这种类型的人工智能目前还属于理论和科幻领域，尚未实现。

人工智能的实现通常依赖于机器学习（Machine Learning，ML）和深度学习（Deep Learning，DL），这些技术使计算机系统通过大量数据的学习和自我调整来不断提高其性能。

随着技术的发展，人工智能已经广泛应用于多个领域，包括医疗、金融、教育、交通、娱乐等，改善和增强了许多服务和产品的质量。

得到 ChatGPT 的初步回答后，我们在问题的后面加入指令，以获取更满意的答案，具体示例如下。

 提问

Let's think step by step（让我们一步一步思考）

 ChatGPT

要深入理解什么是人工智能，我们可以逐步拆解这个概念，从基本定义到组成部分，再到应用领域和未来的发展方向。

1. 基本定义

人工智能是致力于创造智能机器的科学和工程领域。这些机器能够模拟人类智能行为，包括理解语言、识别图像、解决问题、学习和适应新环境等。

2. 核心组成

a. 机器学习

机器学习是实现人工智能的关键技术之一。它使计算机能够从数据中学习，而无须针对特定任务进行明确编程。通过分析和处理大量数据，机器学习模型可以识别模式并做出决策。

b. 深度学习

深度学习是机器学习的一个子集，它通过神经网络（特别是深层神经网络）模拟人脑的工作方式，处理复杂的数据输入。深度学习特别适合于图像和声音识别、自然语言处理等领域。

3. 应用领域

人工智能已经被应用于多个领域，改善人们的生活和工作方式。一些主要的应用领域包括：

医疗保健：疾病诊断、治疗建议、患者监护。

自动驾驶：车辆导航、交通管理、安全监控。

金融服务：风险管理、欺诈检测、自动交易系统。

客户服务：聊天机器人、个性化推荐、自动化客户支持。

教育：个性化学习、自动评估、教育资源优化。

通过逐步分析，我们可以看到人工智能是一个多层面、跨学科的综合性技术领域，它涵盖了从基础理论研究到实际应用开发的广泛内容。随着研究的深入和技术的发展，人工智能将继续引领科技创新，塑造我们的未来。

可以看出，添加了指令后 ChatGPT 的回答更加详细。下面以经典逻辑题为例，更加直观地展示在向 ChatGPT 提问时加入指令前后生成的答案的不同，具体示例如下。

 提问

A、B、C、D 四个人过桥，一次最多能过两个人，他们唯一的手电筒只能维持 17 分钟的照明时间，每个人过桥所需的时间分别为 1、2、5、10 分钟，求怎样安排才能保证 4 个人在 17 分钟内全部过桥？

ChatGPT

为了使 A、B、C、D 四个人在 17 分钟内全部过桥，需要采取最优策略。这里的关键是最大化利用手电筒的照明时间。

我们来分析一下：

1. 首先，让最快的两个人（A 和 B，分别需要 1 分钟和 2 分钟）过桥，耗时 2 分钟。

2. 然后，让过桥最快的人（A）带着手电筒返回，耗时 1 分钟。

3. 接下来，让剩下的最慢的两个人（C 和 D，分别需要 5 分钟和 10 分钟）过桥，耗时 10 分钟。

4. 再让已经过桥的次快的人（B）带着手电筒返回，耗时 2 分钟。

5. 最后，让最快的两个人（A 和 B）再次过桥，耗时 2 分钟。

通过以上步骤，所有人都能过桥，总共耗时：2 + 1 + 10 + 2 + 2 = 17（分钟）。

因此，最快可以在 17 分钟内让所有人过桥。

在提示词中添加指令，使 ChatGPT 生成更具逻辑性的回答，具体的示例如下。

提问

A、B、C、D 四个人过桥，一次最多能过两个人，他们唯一的手电筒只能维持 17 分钟的照明时间，每个人过桥所需的时间分别为 1、2、5、10 分钟，求怎样安排才能保证 4 个人在 17 分钟内全部过桥？ Let's think step by step

ChatGPT

要找出 A、B、C、D 四个人在 17 分钟内能全部过桥的最佳方法，我们可以逐步分析：

1. 初步分析：考虑到每次最多过两个人，且只有一支手电筒的限制因素，每次过桥后，需要一人携带手电筒返回，这样其他人才能过桥。

2. 首轮过桥：让最快的两个人（A 和 B，1 分钟和 2 分钟）过桥，选择 A 返回。此时耗时最少，总共 3 分钟（2 分钟过去，1 分钟回来）。

3. 次轮过桥：让最慢的两个人（C 和 D，5 分钟和 10 分钟）过桥，选择次快的人（B，2 分钟）回来。此时耗时 12 分钟（10 分钟过去，2 分钟回来），累计 15 分钟，

4. 末轮过桥：A 和 B（1 分钟和 2 分钟）一起过桥，耗时 2 分钟。

通过这个策略，我们可以将整个过程分为 3 个步骤，总耗时为 3（首轮）+ 12（次轮）+ 2（末轮）= 17（分钟）。

答案：采取上述策略，所有人可以在 17 分钟内全部过桥。这个方法考虑了把手电筒快速有效地传递回来的需要，同时确保了每次都是可能的最佳组合过桥，以减少等待和返回的时间。

可以看出，没有加入指令生成的答案比较笼统和宽泛，添加了指令后生成的答案循序渐进、更具逻辑性。

2.1.2 生成更灵活的回答

ChatGPT 生成的答案通常比较严谨，略显机械和呆板，如果我们在提问时加入 use a temperature of × ×（请用 × × 的温度生成答案）指令，并设置参数 × × 的值，便可以让 ChatGPT 的回答更灵活，具体示例如下。

提问

请写一段关于企鹅的描述

ChatGPT

企鹅是一类特殊的鸟类，生活在南半球，尤其是南极周边的寒冷海域。与大多数鸟类不同，企鹅失去了飞翔的能力，但它们的翅膀演化成了像鳍一样的结构，使它成为出色的游泳者。企鹅的身体适应了极端寒冷的环境：它们有厚厚的羽毛来保持体温，脂肪层有良好的隔热作用，黑白相间的羽毛，不仅有利于在水下伪装自己，也有助于在阳光下保持温暖。

企鹅的生活方式非常独特。它们是社会性动物，通常以群居的方式生活和繁殖。许多企鹅会进行长距离的迁徙，以寻找最佳的繁殖地点和觅食地。企鹅主要捕食鱼类、甲壳类动物和其他海洋生物，它们会潜入冰冷的水中去捕食。

在繁殖季节，企鹅会表现出复杂的求偶行为，包括唱歌和建造巢穴。

虽然企鹅在其自然栖息地内适应能力良好，但它们面临着气候变化和海洋污染等环境问题威胁。随着全球温度的上升，它们的生活环境正在发生变化，这对它们的生存构成了挑战。保护企鹅的栖息地和减少人类对环境的影响是保护这些独特而迷人的生物的关键。

当提示词中没有指令或指令的参数较低时，生成的回答比较概念化，而将指令的参数提高后，生成的回答就类似人类的口吻，带有人情味。下面在提示词中加入温度指令，具体示例如下。

 提问

请写一段关于企鹅的描述，use a temperature of 0.5

 ChatGPT

企鹅是一种羽毛黑白相间的鸟类，生活在南半球，特别是南极周围。它们不能飞，但游泳很快。企鹅吃鱼和小型海洋动物。它们在寒冷的地方集体繁殖，形成大群体。虽然企鹅能适应严寒，但面临着气候变化等威胁。保护企鹅很重要。

 提问

请写一段关于企鹅的描述，use a temperature of 1

 ChatGPT

企鹅，这些招人喜爱的南极居民，展现了大自然中奇妙的生存艺术。这些身披黑白羽衣的生物，以其笨拙的陆地步态和优雅的水下舞姿，赢得了世界的瞩目。它们在地球的冰封王国中繁衍生息，将极端寒冷的环境视为家园。企鹅不仅是水下滑翔的大师，而且它们的社交生活丰富多彩，群居的本能让它们在冰冷的南极洲构建起温暖的社区。

在这个寒冷而遥远的世界里，企鹅的存在凸显了自然选择的奇迹。它们的身体适应了极端的生存条件：从厚实的羽毛到存储能量的脂肪层，每一个细节都是为了在零下温度中生存而精心设计的。然而，企鹅的生活并不是没有挑战。从寻找足够的食物到抵御天敌，每一天都在为了生存而斗争。

尽管面临着气候变化和海洋污染等环境问题的威胁，企鹅的种群仍然顽强地生存着。它们的生活方式提醒着我们，即使在地球上最为严酷的环境中，生命也能找到一条生存之路。企鹅不仅是南极大陆的象征，也是地球生态多样性的宝贵财富，值得我们去保护和珍惜。

 ×× 为一个数值，一般设置在 0.1 至 1 之间。较低的数值让 ChatGPT 的回答稳重且有保障，而较高的数值则让 ChatGPT 的回答充满创意与想象力。

2.1.3 生成表格式回复

ChatGPT 作为一个聊天机器模型，虽然主要以语言文字著名，但基于其智能数据库还能够通过表格形式生成用户需要的文本内容，以帮助用户提高工作效率，具体示例如下。

提问

用表格的形式讲述一张照片的画面构思，尽量全面且详细

 ChatGPT

为了全面且详细地描述一张照片的画面构思，我们可以将其分为几个主要部分，并用表格形式来展现。以下是常见的 10 个部分，以及对每个部分的描述：

部分	描述
主题	描述照片的中心主题或焦点，如人物、自然风光、城市景观等
构图	详细说明照片的构图原则，如规则分割、黄金分割、对称、框架构图等
前景	描述照片前景中的元素，如物体、人物或其他关注点，以及它们如何引导观众的视线
中景	介绍照片中间部分的内容，包含主题或连接前景和背景的元素
背景	说明照片背景中的元素，如何支持或补充主题，包括颜色、光影效果等
光线	描述照片中光线的方向、质量（如硬光或软光）、对比度等，以及光线如何影响整体画面和情绪
色彩	详细说明照片中的色彩运用，包括色彩搭配、对比、饱和度、温度等，以及色彩如何影响观感和情绪
视角	说明拍摄照片时的视角，如鸟瞰、仰视、正面等，以及这个视角如何影响画面的感知
情感	分析照片所传达的情感或氛围，如温馨、孤独、快乐、神秘等
技术细节	介绍实现照片效果所用的技术和方法，如曝光时间、光、ISO、后期处理等

这个表格提供了一个框架，用于全面分析和描述一张照片。因为每张照片都是独一无二的，所以具体的描述会根据照片的内容和创作者的意图有所不同。

继续向 ChatGPT 提问，提取具体的内容，让 ChatGPT 给出更多的主题类别，并提供中文和英文对照，具体示例如下。

 提问

有哪些主题类别，请用表格回答，中英文对照

 ChatGPT

以下是一些常见的照片主题类别，以及它们的中英文对照：

中文类别	英文类别
人物肖像	Portraiture
风景摄影	Landscape Photography
城市风光	Urban/Cityscape

续表

中文类别	英文类别
自然摄影	Nature Photography
野生动物	Wildlife
宏观摄影	Macro Photography
运动摄影	Sports Photography
夜景摄影	Night Photography
街头摄影	Street Photography
旅行摄影	Travel Photography
纪实摄影	Documentary Photography
食物摄影	Food Photography
婚礼摄影	Wedding Photography
宠物摄影	Pet Photography

这个表格包含了摄影领域内广泛的主题类别，每个类别都有其独特的焦点和技术要求。

2.1.4 生成图文并茂的文章

运用 ChatGPT 生成文案的步骤，也可以让 ChatGPT 生成图文并茂的文章，如博客文章、教育材料、社交媒体帖子等。图文并茂的文章不仅可以提高内容的吸引力和表现力，还可以帮助我们更好地解释和展示复杂的概念或信息，具体示例如下。

 提问
撰写一篇关于桃花的短篇文章，并附带桃花的图片

 ChatGPT
桃花，以其娇艳欲滴的姿态，被赋予了许多美好的寓意。在中国文化中，桃花不仅象征着爱情与婚姻的美好，还寓意着生命的勃勃生机和无穷的希望。春日里，当第一缕暖阳穿透冬日的寒冷，大地回暖，万物复苏时，桃树也悄然吐露芳华，绽放着粉嫩的花朵，如同少女的脸颊，温柔而又羞涩。

桃花的颜色多样，从淡粉到艳红，每一朵似乎都承载着不同的故事和情感。在柔和的春风中轻轻摇曳，桃花仿佛在诉说着古老的传说，邀请每一个过客停下脚步，细细品味它的美丽与哀愁。在中国的许多文学作品中，常常用桃花来象征美好而短暂的爱情，提醒人们珍惜眼前的幸福。

桃花之美，不仅仅在于它的外表，更在于它给人们带来的感动和启迪。在繁忙的生活中，或许我们都需要寻找心中那片桃花源，让心灵得到片刻的宁静和纯净，感受生命的美好与希望。

现在，我将为你生成一张桃花的图片，让我们一同感受它的美丽。

这幅图描绘了一片桃花盛开的美丽场景，希望能够带给你春天的温暖和生命的希望。

2.2 高阶提问技巧

ChatGPT 生成文案的质量与用户的提问方式密切相关，因此，当用户对 ChatGPT 初次提供的文案不太满意时，可以采用一些技巧，引导 ChatGPT 生成高效、符合预期的回复。本节将介绍一些提问的技巧，帮助用户生成更优质的 AI 文案。

2.2.1 添加关键信息

ChatGPT 根据用户提供的提示词来生成文案，因此文案的内容与提示词有关。一般来说，准确、有针对性的提示词会获得令人满意、高效的回复，这就要求用户在编写提示词时注意问题的核心和关键点，并将其融入到提示词中。

例如，用户的需求是写一篇美食推文，不能单纯地将"请写一篇美食推文"作为提示词直接输入，而应该稍加思考，有无可确定的主题、受众人群、字数要求等，所有涉及推文的相关点都可以视作关键信息提供给 ChatGPT，使其生成令人满意的文案。下面将举例说明在提示词中添加关键信息引导 ChatGPT 生成回复的操作方法。

 提问

请帮我写一篇面向应届毕业生、关于工作总结的推文，字数控制在 300 字左右

 ChatGPT

当然，这里有一篇面向应届毕业生的工作总结推文草稿，大约 300 字：

随着毕业季的落幕，我们迎来了职场生活的全新篇章。作为应届毕业生，生活环境从课堂转换到办公室，充满了挑战与成长。在这短短的几个月里，我们经历了从懵懂到逐渐熟悉工作环境的过程，这是一段值得铭记的旅程。

回首过去，我们每个人都有值得骄傲的时刻——无论是完成了首个独立项目，还是在团队中发挥了关键作用。我们学会了如何有效地沟通，如何在压力下保持冷静，以及如何在失败中寻找成长的机会。这些宝贵的经验不仅仅是职场技能的积累，更是我们个人成长的见证。

展望未来，我们满怀信心。虽然道路上充满未知，但我们已经准备好迎接更大的挑战，实现更高的飞跃。让我们携手前进，用我们的知识、热情和创造力，开启职场生涯的下一章。在这段旅程中，每一步都值得庆祝，每一次努力都值得肯定。让我们一起成为更好的自己，为梦想继续前行。

毕业生 # 职场旅程 # 成长之路

这个推文试图捕捉应届毕业生在职场初期的成长和反思历程，同时鼓励他们积极面对未来的挑战。希望该推文能满足你的需求！

可以看出，ChatGPT 依据提示词，贴合受众群体和主题，提供了一篇要点清晰的推文。

2.2.2 循序渐进式沟通

相对于其他 AI 机器，ChatGPT 的优势在于擅长联系上下文来生成答案，因此，用户可以将 ChatGPT 视作"人"来进行沟通，通过渐进式提问，使其回复更加接近我们的预期。下面将举例介绍具体的操作方法。

 提问

创作一篇推理小说要做哪些准备？

 ChatGPT

创作一篇推理小说需要进行充分的准备工作，不仅要构思引人入胜的故事情节，还要考虑角色开发、场景设定、逻辑推理等多个方面的内容。以下是一些重要的步骤：

1. 确定类型：推理小说有多种类型，如经典侦探小说、硬汉侦探小说、法庭剧小说和悬疑惊悚小说等。首先要确定你想写的是哪一种类型。

2. 构思故事情节：一个好的推理小说需要情节紧凑、逻辑性强，并能激发读者的好奇心。构思时要考虑以下几个要素：

·**谜题**：是故事的核心，可以是一个谋杀案、失踪案或任何需要解开的谜团。

·**侦探**：主角，负责解开谜团，可以是职业侦探、业余爱好者或意外卷入事件的普通人。

·**犯罪者和动机**：构思有信服力的犯罪者及其犯罪动机。

3. **角色开发**：除了侦探和犯罪者，还需要设计其他支持角色，如受害者、证人、嫌疑人等。为每个角色构建背景故事。

4. **场景设定**：选择故事发生的地点，如小镇、大城市或封闭社区等，这将影响故事的氛围和逻辑。

5. **研究**：为了增加故事的真实性和逻辑性，需要对相关领域进行研究，如法医科学、侦查程序、法律知识等。

6. **构建逻辑**：推理小说的核心是逻辑推理。故事中的每个谜题和线索都应该逻辑自洽，最终能合理解释事件的真相。

通过这些步骤，可以为创作一篇引人入胜的推理小说打下坚实的基础。记住，创作是一个不断学习和改进的过程，不要害怕挑战和尝试新的创意。

在同一个聊天窗口中输入相应的提示词，向 ChatGPT 提问构思故事情节的方法，具体示例如下。

 提问

如何构思故事情节？

 ChatGPT

构思故事情节是创作过程中的关键步骤，无论是写小说、剧本还是短篇故事。这需要创意、耐心和对人性的深刻理解。以下是一些有助于构思故事情节的步骤和技巧：

1. **确定核心冲突**

故事的驱动力来自冲突。确定你的故事的核心冲突类型，是人物内心的斗争（例如，对自我的探索），还是外在的冲突（例如，与反派的对抗），或两者的有机结合。

2. **设定故事背景**

背景设定包括时代、地点和社会环境等方面，这些因素将对故事情节的发展和人物的行为产生重大影响。

3. **创建角色**

·**主角**：他们的目标、愿望和恐惧是什么？

·**反派**：他们为什么与主角对立？

·**支持角色**：他们如何帮助或阻碍主角达成目标？

4. **构建情节骨架**

使用经典的三幕结构（引入、发展、高潮／解决）来构建故事的大致轮廓。

·**引入**：设定背景，介绍主要角色，展示日常生活，呈现初始冲突。

·**发展**：主角尝试解决冲突，遭遇挑战，冲突升级。

·**高潮**：冲突达到顶点，主角面对最大的挑战。

·**解决**：冲突解决，故事终结。

通过这些步骤，你可以构思出有趣、紧凑且富有吸引力的故事情节。创作是一个不断探索和学习的旅程，每个人的历程都是独一无二的。

用户还可以提问其他细节，如向 ChatGPT 提问设定故事背景的方法，ChatGPT 会给出相应的答案，具体示例如下。

 提问

如何设定故事背景？

 ChatGPT

设定故事背景对于整个创作过程至关重要，因为它不仅提供了故事发生的环境，还影响着角色的行为、情节的发展，以及故事的整体氛围。以下是设定故事背景的一些步骤和建议：

1. 选择时间和地点

·确定故事发生的时代和地点，考虑历史背景或未来设定对故事的影响。

·地点可以是现实世界的某个地方，也可以是完全虚构的世界。

2. 构建社会和文化环境

·描述社会的组织结构，包括政治、经济和文化体系。

·考虑社会规范、信仰系统、语言和教育。

3. 描述技术水平

·根据故事设定的需求确定技术发展水平，影响生活方式、交通和通信等方面。

4. 描绘自然环境和地理特征

·考虑地形、气候和生态对居民生活和故事情节的影响。

5. 设定法律和政治背景

·描述治理结构、法律制度，以及它们如何影响故事中的角色和事件。

6. 考虑经济状况

·经济体系和财富分配方式对社会结构和个人生活的影响。

通过这些步骤，可以设定出丰富且具有吸引力的故事背景，为读者提供深入的沉浸式阅读体验。

可以看出，ChatGPT 根据用户渐进式的提问给出了更加细致的回复。用户运用这个方法向 ChatGPT 提问时，相当于将 ChatGPT 视作一个知识渊博的"人"，循序渐进地抛出问题让其满足自己的好奇心。

2.2.3 选择最佳方案

当用户想让 ChatGPT 生成更有针对性的文案时，可以提供多个选项进行提问，类似于让 ChatGPT 做选择题，ChatGPT 会选择具体的选项，并给出详细的解析。下面举例介绍具体的操作方法。

 提问

我是一名小说家，平常要进行小说创作，现在需要购买一个帮助我创作的设备，请从以下选项中选出符合我要求的设备，并说明原因。备选设备有：1、台式电脑；2、笔记本电脑；3、平板电脑

ChatGPT

对于一名小说家来说，创作设备的选择取决于您的使用习惯、工作场景以及对便携性等性能的需求。下面针对这些因素分析各个设备的优缺点：

1. 台式电脑

· **优点**：性能强大，可长时间使用而不会过热；易于升级和维护；大屏幕有利于长时间编辑和阅读。

· **缺点**：不便携，仅限于固定的工作空间使用。

2. 笔记本电脑

· **优点**：便携性好，可以在不同地点工作，满足随时随地记录灵感的需求；性能足以满足一般写作软件运行的需求和日常使用。

· **缺点**：屏幕和键盘相对较小，长时间使用可能不如台式电脑舒适；性能虽好但通常不如同价位的台式机。

3. 平板电脑

· **优点**：极致的便携性，适合随时随地记录灵感；触控屏幕使得操作直观便捷，特别适合快速生成草稿和思维导图的绘制。

· **缺点**：性能和屏幕大小通常不如笔记本电脑和台式电脑，不适合长时间的文档编辑和审稿。

根据上述信息，如果您需要在不同地点工作，或者喜欢在咖啡馆、图书馆等地方寻找灵感，**笔记本电脑**是最适合您的选择。它既能提供写作软件用以编辑文档，又具备良好的便携性，让您能够轻松地带着它走到任何地方。

如果您的工作是在固定的工作室或家中进行，且需要长时间地编辑和处理大量文本，**台式电脑**因其更强的性能和更大的屏幕，将是更好的选择。

如果您需要一个轻便的设备来记录灵感或做简单的文稿编辑，并且在移动中使用的频率非常高，**平板电脑**则是一个不错的选择，尤其是它的触控屏为快速捕捉灵感提供了便利。

总之，选择哪种设备，最终还是要根据您个人的工作习惯和需求来决定。

2.2.4 整理归纳问题

用户在编写提示词时，可以将有共性的问题整理、归纳在一起，作为提示词提供给 ChatGPT。这类提问方式有很好的目标指向性，会涉及分类、归纳和概括的思维过程，能够引导 ChatGPT 给出针对性和逻辑性强的回复。下面介绍具体的操作方法。

 提问

东野圭吾的小说有什么特色？对于现代文学的写作有哪些启示？

 ChatGPT

东野圭吾是一位日本著名的小说家，以其独特的悬疑小说而闻名于世。他的作品具有以下 4 个显著特色：

1. **复杂的情节构造**：东野圭吾擅长编织复杂的故事情节，经常在故事中设置多个层次的谜团和转折，让读者难以预测结局。这种情节上的复杂性和不可预测性是他作品的一个重要特征。

2. **深刻的心理描写**：他的小说不仅关注事件的发生和解决，更注重人物的内心世界和心理变化。通过深入的心理描写，东野圭吾探讨了人性的多面性，以及面对困境时人们的不同反应。

3. 社会问题的探讨：在许多作品中，东野圭吾通过悬疑故事的形式，探讨了现代社会中的各种问题，如孤独、死亡、家庭关系、社会正义等，这些主题让他的小说具有了深刻的社会意义。

4. 文学与娱乐的结合：东野圭吾的作品在保持文学性的同时，非常注重故事的娱乐性和可读性，这使得他的小说不仅受到文学评论家的好评，也深受广大读者的喜爱。

对于现代文学的写作，东野圭吾的作品提供了以下启示：

·**故事情节的重要性**：精心构造的情节可以极大地提升作品的吸引力，使读者产生强烈的阅读兴趣。

·**人物心理的深度挖掘**：深入描绘人物的心理状态，可以增强故事的情感深度，让读者产生共鸣。

·**关注社会现象**：通过文学作品反映和探讨社会问题，可以使作品不仅仅是文学的创作，也成为社会的镜像和表征。

·**平衡文学性与娱乐性**：找到文学性与娱乐性的平衡点，可以扩大作品的受众范围，使其既有艺术价值又具有市场价值。

东野圭吾的作品因其独特的风格和深刻的主题，对现代文学创作提供了重要的启示和灵感。

2.2.5 设定固定框架

当用户需要生成有固定模板、风格、框架等形式的文案时，可以用设定固定框架的方式向 ChatGPT 提问，从而获得更加精准的答复。下面介绍具体的操作方法。

 提问

帮我按以下框架写一份 "春节放假通知"，要求字数控制在 200 字左右，内容清晰、简洁

通知标题

放假时间：2 月 10 日—2 月 17 日

工作安排

联系方式

祝福语

通知时间：2024 年 2 月 1 日

 ChatGPT

春节放假通知

尊敬的员工：

我们即将迎来一年中最为重要的传统节日——春节。为了让大家能够充分享受春节假期与家人团聚的时光，现根据公司安排，特发布春节放假通知如下：

放假时间：自 2024 年 2 月 10 日至 2024 年 2 月 17 日，共计 8 天。2 月 18 日（星期日）正式上班

工作安排：请各部门在放假前完成本部门的工作总结，并做好假期值班安排。所有紧急联系事项可通过值班电话进行联络。请大家确保个人工作邮箱在放假期间保持通畅，以便接收紧急通知。

联系方式：

·值班电话：【公司值班电话号码】

·紧急联系邮箱：【公司紧急联系邮箱】

祝福语：值此新春佳节之际，公司管理层向全体员工及家人致以最诚挚的祝福。愿大家在新的一年里，身体健康、阖家欢乐、万事如意！

通知时间：2024 年 2 月 1 日

请各位员工相互转告，确保每位员工都能及时了解此次春节放假的相关安排。感谢大家过去一年的辛勤工作，祝大家春节愉快，愿我们在新的一年里再创佳绩！

此份通知内容清晰、简洁，涵盖了放假时间、工作安排、联系方式以及节日祝福，且符合字数要求。

2.2.6 进行循环式提问

当用户对 ChatGPT 的回复不太满意时，可以在提示词中添加条件进行循环式提问，在 ChatGPT 所给回复的基础上不断地进行追问，直到获得满意的答案为止。

这类提问方式可以挖掘 ChatGPT 的潜力，通过提问让 ChatGPT 自行优化升级，从而获得最优的解决方案。下面介绍具体的操作方法。

 提问

请创作一首主题为荷花的小诗，字数控制在 50 字以内

 ChatGPT

荷叶之间露珠滑，轻舟一叶荡心湖。

夏日轻风拂面来，荷花独秀水中央。

静看莲开莲又落，岁月悠长情更长。

在同一个聊天窗口中输入相应的提示词，要求多一些新意和感情，并给予解释，具体示例如下。

 提问

请重新写一首小诗，要求多一些新意和感情，并给予解释

 ChatGPT

碧波荡漾，荷影婆娑。

雨后初晴，一朵荷花孤傲绽放。

心似莲花，出淤泥而不染。

晨曦微光，轻吻露珠滴落的瞬间。

岁月静好，与荷同梦长。

这首诗试图捕捉并赞颂荷花的静谧美和它所代表的精神品质。首句描绘了荷花在水面上轻盈摇曳的画面，暗示了生命的灵动和自然的和谐。第二句通过"雨后初晴，一朵荷花孤傲绽放"表现了荷花在逆境后仍旧美丽绽放的坚韧精神，象征着人在困难面前的勇气和坚持。第三句"心似莲花，出淤泥而不染"借用了莲花出淤泥而不染的比喻，表达了一种高洁的品质和保持本心的理想。第四句通过晨曦微光和露珠的细腻描写，传达了对生活中美好瞬间的

珍视和感悟。最后一句 "岁月静好，与荷同梦长" 以荷花为载体，表达了对美好生活的向往和内心的宁静。整首诗富含哲理，用荷花的生命历程暗喻人的生活态度和精神追求，表达了一种对美和善的追求以及对生命坚韧不拔的赞美。

在同一个聊天窗口中输入相应的提示词，要求比前面的诗更富有哲理，ChatGPT 会按照要求给出新的回复，具体示例如下。

提问

请重新写一首小诗，要求比前面的诗更富有哲理，并给予解释

ChatGPT

荷叶轻摇水面梦，碧波深处月光浓。

独立淤泥未染色，清风拂来心自宁。

世间纷扰如浮云，荷花静美超尘俗。

寻觅心灵最初光，岁月沉淀是莲香。

这首诗深化了荷花的象征意义，探索了哲学和精神层面的主题。首两句通过描写水面上轻摇的荷叶和月光下的碧波，构建了一幅宁静而梦幻的画面，暗喻心灵的平静与深邃。接下来的两句 "独立淤泥未染色，清风拂来心自宁" 赞赏了荷花在不利环境中保持纯洁的能力，同时暗喻了人在面对纷扰世界时保持内心平和的重要性。第五句 "世间纷扰如浮云"，通过浮云的比喻，表达了对世俗纷扰的超脱态度。随后，"荷花静美超尘俗" 进一步强化了荷花作为超越尘世纷争的象征，鼓励人们追求内心的宁静与纯净。最后两句通过寻觅心灵最初的光明和岁月沉淀的比喻，表达了一种对于时间洗礼和内在成长的赞美，暗示只有经过时间的考验和内心的修炼，人的生命才能散发出如莲花般的清香。整首诗通过荷花的比喻，展现了对于生命、时间和内心世界的深刻反思，鼓励人们在纷繁复杂的世界中寻找到属于自己的心灵之光。

2.2.7 综合多维度提问

综合多维度提问的方式可以获得更加全面、深入的回复，如让 ChatGPT 综合剧情、导演风格、角色表演、视觉效果等多个维度来评价一部电影，可以获得更清晰、明确的答案。下面举例介绍具体的操作方法。

提问

电影《海上钢琴师》的剧情有什么特点？

ChatGPT

电影《海上钢琴师》(The Legend of 1900) 的剧情独特，使得这部电影成为一部经典。这部电影由朱塞佩·托纳多雷导演，1998 年上映，主演是蒂姆·罗斯。该电影基于亚历山德罗·巴里克的戏剧《Novecento》改编，主要特点体现在下述 5 个方面：

1. 独特的设定：故事发生在海上，主要讲述一名在跨大西洋轮船上出生并度过一生的钢琴天才 1900（蒂姆·罗斯饰

演）的生活。这种设定本身就富有诗意和梦幻色彩，为观众提供了一个既熟悉又神秘的世界。

2. **音乐与故事的融合**：音乐是《海上钢琴师》的灵魂，1900 的人生故事通过他的音乐来讲述。他的钢琴演奏贯穿整部电影，既是他与世界交流的方式，也反映了他的内心世界。

3. **人物的深度**：电影通过讲述 1900 的生活、思想和音乐来展现人物形象。他对自由、艺术和孤独的理解，以及他与其他角色的互动，展示了他复杂而丰富的内心世界。

4. **对比和反思**：通过 1900 的故事，电影探讨了稳定与冒险、孤独与联系、艺术与商业之间的对比和平衡。1900 的选择和生活方式促使观众反思真正的自由和幸福的含义。

5. **视觉和情感体验**：电影利用精美的摄影和导演的视觉风格，以及强烈的情感表达，营造了一个既美丽又悲伤的故事。观众通过 1900 的眼睛看世界，体验他的喜悦、悲伤和孤独。

向 ChatGPT 提问该电影采用了什么样的叙事风格，ChatGPT 会给出叙事风格方面的电影评价，具体示例如下。

 提问

电影采用了什么样的叙事风格？

 ChatGPT

电影《海上钢琴师》采用了非线性叙事风格和第一人称叙述方式，这为影片增添了一种特别的叙事深度和情感色彩。以下是其叙事风格的 5 个主要特征：

1. **框架叙事 (Frame story)**：电影以一个人在船上发现旧钢琴的故事开始，引入了主要叙述者——马克斯（Max）的角色。马克斯通过回忆的方式讲述了他与 1900 的故事，这种叙事框架为电影创造了一个故事套故事的结构，使观众仿佛在听一个长时间的回忆录。

2. **回忆与闪回**：电影大量使用闪回技巧，通过主要叙述者的记忆来展开故事。这种结构使得影片能够自由地在时间线上前后跳跃，展示 1900 的一生中的关键时刻，而不是按照严格的时间顺序来叙述。

3. **主观视角**：通过主要叙述者的眼睛来观察事件，电影采用了一种非常主观的视角。这种叙述方式使得观众能够更深入地理解 1900 的人格魅力以及他与其他人物之间的关系。

4. **象征性与诗意**：电影的叙事风格充满了象征性和诗意，使用了许多视觉隐喻和象征来表达主题和情感。这种风格强调了故事的情感层面，而不仅仅是表面的事件。

5. **音乐与叙事的融合**：音乐在电影中不仅仅是背景音乐，它与叙事紧密相连，成为讲述故事的一种方式。1900 的钢琴演奏成为他表达自己和与世界交流的手段，通过音乐展开的场景与叙事交织在一起，增强了故事的情感深度。

继续向 ChatGPT 提问电影中有哪些精彩桥段，ChatGPT 会列举出电影中的几个精彩桥段，具体示例如下。

 提问

电影中有哪些精彩桥段？

ChatGPT

电影《海上钢琴师》中有许多个精彩桥段，这些场景不仅展示了电影的艺术魅力，也深刻表达了电影的主题和情感。

以下是一些特别引人注目的桥段：

1. **1900 与钢琴的第一次邂逅**：电影描述了 1900 作为弃婴被发现在船上，随着他的成长，他与一架钢琴的特殊关系开始了。1900 第一次触碰钢琴键，展现了他与生俱来的音乐才华。

2. **钢琴比赛**：电影中一个著名的场景是 1900 与一位钢琴家的比赛。这个场景不仅展现了 1900 惊人的即兴创作能力，也体现了他对音乐的深刻理解和完美表达。这个桥段充满了紧张和激动人心的气氛，成为电影的高潮之一。

3. **与爵士乐手的交流**：在与一位爵士乐手的交流中，1900 展现了他对音乐的广泛兴趣和开放态度。他们的即兴合作不仅是音乐上的交流，也象征着不同文化和背景之间的融合与理解。

4. **最后的选择**：电影的结尾，当 1900 面对离开他唯一知道的世界——大海和他的钢琴的机会时，他做出了留在船上的决定。这个选择深刻地体现了他对自由、孤独和艺术的个人理解，同时也是对人生选择的一种哲学思考。

5. **海上演奏**：在一个风平浪静的夜晚，1900 独自在轮船的甲板上弹奏钢琴，海浪和星空作为背景，创造了一幕极其美丽和感人的场景。这个桥段显示出他与这个世界和谐共处的状态，以及音乐作为沟通的桥梁的神奇作用。

这些桥段不仅因其视觉和情感的冲击力而令人难忘，也因为它们深刻地探讨了自由、艺术和人生选择的主题而令人回味无穷。《海上钢琴师》通过这些精彩的场景，展示了电影独特的叙事方法和情感表达，让它成为一部值得多次观看的经典电影。

可以看出，从多个维度向 ChatGPT 提问有关电影的评价，会获得更多有针对性的电影信息，而综合这些电影信息便可以获得更加全面的电影解读。

本章小结

本章主要向读者介绍了 ChatGPT 的提问技巧，包括初级提问技巧和高阶提问技巧。通过本章的学习，能够让读者更高效地运用 ChatGPT，更好地掌握提示词撰写技巧。

课后实训

下面用生成表格式回复的方法，让 ChatGPT 提供关于蛋糕烘焙的短视频脚本创作，具体示例如下。

 提问

提供一个蛋糕烘焙教学短视频的脚本，以表格的形式呈现

 ChatGPT

为了创建一个蛋糕烘焙教学短视频的脚本表格，我将分步骤提供视频的主要内容、所需材料、操作步骤，以及每一步的关键提示。下面是一个基本的脚本表格示例。

步骤	内容描述	材料 / 工具	关键提示
1	视频开头介绍	无	简短介绍视频主题和所做的蛋糕类型
2	准备材料	面粉、糖、鸡蛋、牛奶、黄油、发酵粉、盐、香草精	展示并说明每种材料的分量
3	混合干性材料	面粉、发酵粉、盐	筛选面粉以去除块状物，确保混合均匀
4	混合湿性材料	鸡蛋、牛奶、融化黄油、香草精	先打散鸡蛋，然后加入其他液体材料混合
5	结合干湿材料	准备好的干性和湿性材料	用橡胶刮刀翻拌至刚好结合，避免过度混合
6	准备烤模	烤模、黄油或烘焙喷雾	用黄油涂抹烤模底部和边缘，确保蛋糕容易脱模
7	倒入蛋糕糊	蛋糕糊、烤模	均匀倒入糊料，轻轻敲打烤模排出气泡
8	烘焙	预热至 175℃ 的烤箱	根据蛋糕大小调整烘焙时间，用牙签测试熟度
9	蛋糕冷却和脱模	冷却架	烤好后的蛋糕先在烤模中冷却 10 分钟，然后转移到冷却架上完全冷却
10	装饰蛋糕	糖霜、鲜果、巧克力碎片等	根据个人喜好装饰蛋糕，展示最终成品
11	视频结束总结	无	回顾烘焙要点，鼓励观众尝试制作

这个表格是一个基本的框架，具体内容和步骤可以根据实际的蛋糕食谱和教学重点进行调整。每个步骤都应该配备清晰的指令和有用的提示，以帮助观众更好地理解并按照视频演示的步骤进行操作。

第 3 章　提问优化：
让 ChatGPT 4 的回复更加精准

通过精心设计和改进输入给 ChatGPT 的提示词，能够使 AI 的回复更加精准和高效。本章将介绍一些有效的优化提示词的方法，帮助大家学会编写和优化 ChatGPT 提示词，使其生成更加优质的回答。

3.1 优化提示框架

利用提示框架可以使 ChatGPT 生成的内容更加符合预期，我们可以使用一些技巧来优化提示框架，让 ChatGPT 生成更优质的内容。本节将介绍优化 ChatGPT 提示框架的方法，帮助用户高效使用 ChatGPT。

3.1.1 优选提示词

使用 ChatGPT 时，优选提示词有许多技巧，它涉及如何构造和优化指令或问题，以获得更准确、更有用或更具创造性的答案。好的提示词可以显著改善 ChatGPT 的输出质量和相关性。

用户在编写提示词时应该与需求紧密结合，不同的提示词所获得的 AI 文案是有区别的，具体示例如下。

 提问

请写出 10 个关于旅游的宣传文案

 ChatGPT

1. 探索世界的奥秘，一次旅行，无限回忆。

2. 让心灵去旅行，发现生活的美好瞬间。

3. 足迹遍布世界每一个角落，让旅行成为生活的一部分。

4. 远离喧嚣，拥抱自然，让旅行带给你内心的平静。

5. 历史的足迹，文化的交融，一次旅行，多重体验。

6. 唤醒你的探险精神，每一站都有新的发现。

7. 与家人共享旅行的乐趣，留下难忘的回忆。

8. 在旅途中找到自我，每一次出发都是一个全新的开始。

9. 全世界都是你的旅行地图，每一次旅行都是一次心灵的洗礼。

10. 旅行不仅是目的地的达成，更是过程中风景的欣赏和心灵的成长。

这些文案旨在激发人们对旅行的热情，不仅强调了旅行的乐趣和收获，也突出了旅行对个人成长和心灵平静的重要性。

在左上方单击"新的聊天"按钮 ，新建一个聊天窗口，输入比较具体的提示词，具体示例如下。

 提问

请写出 10 个关于峨眉山旅游的宣传文案

ChatGPT

1. 探索佛教圣地的奥秘，感受峨眉山的神圣与宁静。一次心灵的净化旅程，等你来体验。

2. 峨眉山，一个四季如画的天堂，每一步都是一幅自然的杰作。来这里，让自然的美丽治愈你的心灵。

3. 金顶日出，云海翻腾，峨眉山的壮丽景色等你来发现。一次旅行，终生难忘的美好回忆。

4. 沿着古老的山道漫步，探访千年寺庙，体验峨眉山深厚的文化底蕴和灵性之旅。

5. 与峨眉山的猴子们近距离接触，体验与自然和谐共处的乐趣。一个适合全家的旅游胜地。

6. 从静谧的山林到壮观的瀑布，峨眉山的每一寸土地都充满了惊喜。让我们一起探索这份未知的美丽。

7. 峨眉山不仅是登山者的天堂，也是摄影爱好者的梦想之地。带上你的相机，捕捉每一刻的美好。

8. 寻找一处远离城市喧嚣的安静之地？峨眉山的自然风光和佛教文化将为你提供一个完美的避难所。

9. 体验峨眉山四季变换的无限魅力，每个季节都有独特的风景和体验等你来探索。

10. 峨眉山，一个充满传奇色彩的地方，等待着勇敢的探险者来揭开它的神秘面纱。一场关于自然、历史与灵性的探索之旅，启程吧！

从上面的示例可以看出，ChatGPT 会根据提示词的宽泛和具体程度，给用户提供不一样的回复。

在输入宽泛的提示词时，ChatGPT 给出的回复较为概念化，涉及多个方面的信息；而输入具体的提示词时，ChatGPT 会给出更贴近提问的回复。用户选择输入哪种提示词取决于真正的需求和目的。

3.1.2 确认具体主题

一般来说，用户选择较为宽泛的提示词，是想要 ChatGPT 生成一些事实性、概念性的回复，如询问世界上最高的山脉是什么等。而用户选择较为具体的提示词，大多数是想要 ChatGPT 提供一些灵活性、观念性的回复，如询问如何看待熬夜现象等。

从这一层面上看，较为宽泛的提示词并不难编写，而较为具体的提示词编写起来会有一定难度。因此，编写有效的、具体的提示词是用户需要掌握的技能，第一要义就是确定提示词的主题。

例如，用户想通过 ChatGPT 生成一篇有关冬季保暖的短视频文案，那么"冬季保暖"便是提示词的主题，而"一篇短视频文案"则是用户的需求，组合在一起，就可以得到要输入的提示词——"请帮我写一篇主题为冬季保暖的短视频文案"。在 ChatGPT 的输入框中输入提示词并发送，便可以得到 ChatGPT 生成的回复，具体示例如下。

提问

请帮我写一篇主题为冬季保暖的短视频文案

ChatGPT

当然可以。这是一篇适用于短视频的文案，主题为冬季保暖，旨在提供实用的保暖技巧。该文案内容轻松有趣，能吸引观众的注意力。

【开头】

镜头缓缓推进，雪花轻轻飘落，一杯热腾腾的巧克力放在窗台上，蒸汽在寒冷的空气中缓缓升起。旁白温暖而友好地说："冬天来了，让我们一起学习如何在这个季节保持温暖和舒适吧！"

【中段】

1.【层叠穿衣法】画面展示各种保暖衣物：轻薄羽绒服、羊毛衫、保暖内衣。旁白解释："合理的层叠穿衣，不仅可以锁住体温，还可以根据室内外温差轻松调整。"

2.【保暖小物】展示保暖帽、围巾、手套、厚袜子等冬季必备配件。旁白提醒："别忘了保暖小物，它们可以在寒冷的日子里为你增添一份温暖。"

3.【合理饮食】展示热汤、热饮等温暖食物和饮料。旁白说："适量摄入温热食物和饮料，帮助身体从内而外产生热量。"

4.【室内保暖技巧】展示使用加湿器、保温窗帘和地毯的场景。旁白解释："适当增加室内湿度和使用保温物品，可以有效提升房间温度，让你的居住空间更加温暖。"

【结尾】

随着镜头拉远，展示一家人在温馨的居家环境中享受冬日美好时光的场景。旁白总结："冬天虽然寒冷，但只要我们用心准备，也可以拥有温暖和快乐。记得保暖，享受这个季节每一个美好的瞬间吧！"

【结束语】

画面上浮现"保暖，从心开始"字样，随后出现社交媒体标签和鼓励观众分享自己的保暖小技巧的号召。

这篇文案采用了温暖而亲切的语气，通过提供具体的保暖技巧和建议，吸引观众的注意力，同时传递出冬季温暖和正能量的信息。

简而言之，当用户想要通过 ChatGPT 生成灵活性、观念性的回复时，需要在提示词上说明主题，主题需要具体到某个领域、某个行业或某个话题。

3.1.3 加入限定条件

如果用户在给 ChatGPT 的提示词中已经说明了主题，但依然没有得到理想的回复，就需要进一步细化主题描述，多加入一些限定条件，具体示例如下。

提问
请提供两条牙膏的产品推广文案

ChatGPT
当然，以下是两条为牙膏产品设计的推广文案：

1. **让您的笑容不仅亮丽，而且焕发出健康的光彩。** 我们的牙膏采用了专业的配方，不仅能有效清洁牙齿，还能为您的口腔健康提供全方位的保护。其独特的活性成分能深入牙缝，有效预防牙龈炎和牙齿腐蚀，同时保持您的口气清新。选择我们，让您的微笑更加自信和耀眼。

2. **提升您的口腔护理体验。** 我们的高级牙膏不仅是清洁产品，还是您日常口腔保健的合作伙伴。这款牙膏蕴含天然成分，温和而有效，特别适用于敏感型牙齿，它的独特配方能够去除牙齿表面的污渍，同时强化牙釉质，预防蛀牙，让您每一次微笑都充满自信。现在下单立即体验，感受不一样的清新和健康。

这两条文案旨在强调产品的特点和对用户的益处，以提升潜在用户的兴趣和信任。

单击已发送的提示词下方的修改按钮 ⌀，在提示词中加入限定语言，让 ChatGPT 根据新的提示词生成回复，具体示例如下。

 提问

请以儿童为目标用户，提供两条牙膏的产品推广文案

 ChatGPT

为了引发儿童的兴趣，我们可以创建两条产品推广文案，每条都将专注于激发孩子们的想象力，并鼓励他们养成良好的口腔卫生习惯。以下是两个例子：

文案一：魔法森林牙膏

"欢迎小朋友们来到魔法森林！在这里，神奇的魔法牙膏等着你们来发现。每次刷牙都是一次奇妙的冒险，让你的牙齿闪闪发光，像森林里最亮的星星。用我们的牙膏刷一刷，让你的牙膏强壮起来，抵御糖果巫师的侵袭，保持健康且有光泽，让每一天都充满欢声笑语！"

文案二：超级英雄牙膏

"小小英雄，想让你的牙齿坚不可摧吗？用我们的超级英雄牙膏，每次刷牙都能赋予你战胜蛀牙怪兽的力量！让我们一起战斗，保护你的微笑不受迷人糖果的伤害。每天早晚刷牙，让你的牙齿亮白健康，让你成为真正的口腔卫生超级英雄！"

这两条文案旨在激发儿童的想象力和冒险精神，促进他们积极参与口腔卫生保健，同时使刷牙变成一件既有趣又有益的活动。

再次单击提示词下方的修改按钮 ⌀，在提示词中加入限定条件，并要求突出产品的亮点，让 ChatGPT 再次根据新的提示词生成回复，具体示例如下。

 提问

请以儿童为目标用户，提供两条牙膏的产品推广文案，要求突出产品的亮点，有吸引力

 ChatGPT

针对儿童牙膏的产品推广文案，我们可以侧重于宣传产品的趣味性、口味，以及对孩子牙齿健康的益处，以吸引孩子们的注意力并促使家长放心购买。以下是两条根据这些要素定制的产品推广文案：

1. 星际探险牙膏："启航吧，小小探险家！用我们的星际探险牙膏，每次刷牙都是一次奇妙的太空之旅。它的独特草莓星云味会带你穿越甜蜜的银河系，而富含营养的成分令你的微笑像最亮的恒星一样闪耀。不含有害物质，是妈妈和爸爸放心的选择。准备好了吗？和我们一起，让你的牙齿在宇宙中最耀眼！"

2. 超级英雄牙膏："是时候展现你的超能力了，小超人！我们的超级英雄牙膏不仅拥有超级好闻的蓝莓味，还能赋予你战胜有害细菌的力量，保护你的牙齿免受蛀牙的侵袭。每天两次，让你的牙齿强健如超级英雄，绽放迷人的微笑！爸爸妈妈也不用担心，因为我们的配方安全高效，专为小小英雄们设计。加入我们的超级英雄队伍吧，让我们一起守护每一个微笑！"

这两条文案旨在激发儿童的想象力和好奇心，同时向家长传达产品的安全性，吸引目标用户的注意力。

可以看出，ChatGPT 会根据提示词的主题细化程度给出不同的回复。一般来说，用户输入的主题描述越详细，得到高效回复的概率就越大。

3.1.4 模仿语言风格

当用户不知道如何编写提示词才能够获得满意的回复时，可以指定语言风格，让 ChatGPT 进行模仿，并按照特定风格来生成回复。用户可以指定自己喜欢的影视人物、动漫人物、作家、文学作品等语言风格，具体示例如下。

 提问

请以艾伦·坡（Edgar Allan Poe）的语言风格，创作一篇 800 字以内的侦探故事

 ChatGPT

在一个暴风骤雨的夜晚，我收到了一个来自我的老友雷诺兹先生的急切求助消息，他的宝贵遗产，一枚珍贵的宝石被盗。这不是一件普通的宝石，而是家族传承百年的象征，其失窃无疑是对雷诺兹家族荣誉的直接挑战。在那风急雨骤的夜晚，我踏上了前往古老庄园的旅程。

雷诺兹庄园，一座古老而神秘的建筑，隐藏在密集的树林中，仿佛一个沉默的守护者，见证了无数未被揭晓的秘密。雷诺兹先生以惊慌失措的眼神迎接我，他的脸上写满了绝望，坐在壁炉旁的沉重的椅子上，他向我叙述了宝石失窃的经过。

据他所言，宝石是在前一晚的家族聚会上被盗的。那是一个欢乐的夜晚，直至他发现那枚代表家族荣耀的宝石不见了。所有的迹象都指向了一个不可能的嫌疑人——他的侄子，一位外表忠诚而善良的青年。但是，没有人见到他接近宝石，也没有任何物理证据指向他。

在混乱与猜疑之中，我决定通过逻辑推理和细节观察，揭开这个谜团。我开始审视现场，每一处细微的线索，就像是散落的字母，等待被组合成解疑的句子。那个晚上，我在庄园中漫步，我的脚步声回响在空旷的走廊中，似乎连这座老宅也在试图告诉我它所知道的秘密。

最终，我发现了一个被忽视的细节：一个微小的划痕，隐藏在宝石展示柜的锁上。这个发现引导我去探究那晚的宾客，特别是那些对锁具感兴趣或有相关专业知识的人。疑点最终落在了一位看似不起眼的仆人身上，他过去是一名锁匠！在面对无法辩驳的证据时，他终于承认了自己的罪行，原来是贪婪的本性驱使他犯下了这一罪行。

宝石物归原主，庄园恢复了平静。但是，那个夜晚的阴影仍旧笼罩在每个人的心中，提醒着他们，即便在最亲近的圈子内，也可能隐藏着不为人知的秘密。而我再次用行动证明了，无论多么复杂的谜团，只要你仔细观察，总会有破解之时。

3.1.5 提供参考例子

用户在对 ChatGPT 进行提问时，可以提供一个具体的例子让其参考，等 ChatGPT 识别之后便可以生成更为满意的答案，具体示例如下。

提问

旅行类短视频的标题文案通常是文艺且富有诗意的，如"旅行日志：探秘世界奇迹"，请提供 10 个类似的标题文案

 ChatGPT

1. 穿越时空：古城的黎明与黄昏

2. 风光之旅：自然的呼吸与心灵的触摸

3. 星辰大海：追逐地平线上的梦想

4. 悠闲步伐：小巷故事与咖啡香气

5. 山川异域：探寻隐藏在云端的秘密

6. 花语时光：赏析世界各地的花卉之美

7. 古道西风：探寻丝绸之路的足迹

8. 梦幻岛屿：探索人间仙境般的海岛

9. 文化之旅：穿梭于历史的长河，感受文明的脉搏

10. 美食探险：品尝世界各地的地道风味

这些标题通过富有诗意和想象力的语言，旨在吸引观众的好奇心和探索欲，激发人们对旅行内容的兴趣。

3.1.6 进行角色扮演

ChatGPT 作为一个语言模型，可以充当各式各样的角色，因此，用户在与 ChatGPT 对话时，可以先赋予其身份。例如，让 ChatGPT 充当文案策划专员，提供写作爆款文案的建议，ChatGPT 会生成更有参考价值的文案建议，具体示例如下。

 提问

你是一名经验丰富的设计师，你正在进行一款无线鼠标的设计工作，请问你在设计过程中会考虑哪些设计要素?

 ChatGPT

在设计一款无线鼠标时，作为一名经验丰富的设计师，我会从多个角度考虑设计要素，确保产品既实用又具有吸引力。以下是我会考虑的主要设计要素：

1. 用户体验（UX）和人机工程学

·**握持感受**：形状和大小要适合不同手型，提供舒适的握持体验，减少长时间使用带来的疲劳感。

·**按钮布局**：确保按钮易于访问，同时避免误触。考虑不同使用习惯，如左手使用者的需求。

·**重量**：平衡鼠标的重量，使其既便于移动又足够稳定。

2. 性能

·**精度与灵敏度**：选择高质量的传感器，确保鼠标移动精准，满足不同应用场景的需求。

·**无线连接技术**：考虑使用蓝牙或 2.4GHz 无线技术，确保连接稳定，减少延迟。

·**电池寿命**：优化电源管理，提供长久的电池续航力，减少充电或更换电池的频率。

3. 可持续性

·**材料选择**：使用环保材料，减少对环境的影响。

· 能源效率：设计低能耗模式，延长电池寿命，减少能源消耗。

· 易于回收：考虑产品的拆解与回收，设计易于分解的结构。

4. 美学设计

· 外观设计：根据目标市场和用户群体的偏好设计鼠标的外观，包括形状、颜色和质感。

· 品牌识别：在设计中融入品牌元素，提高品牌识别度。

5. 功能性和创新

· 附加功能：考虑加入创新功能，如可自定义的按钮、触控板、手势控制等，提升用户体验。

· 软件支持：提供配套软件，让用户可以自定义设置，如调整 DPI、编程宏等。

综上所述，设计一款无线鼠标是一个综合考量用户需求、技术可能性、成本控制和市场定位的过程。通过关注上述关键要素，可以创造出既满足用户需求又具有竞争力的产品。

3.2 优化固定指令

提示词，也可以称作指令，是 ChatGPT 进行回复、给出答案的依据。如果用户想让 ChatGPT 更有效地生成文案，可以提供一些文案的类型、特征、范围等信息作为提示词，输入给 ChatGPT，ChatGPT 会根据提示词给出回复。本节将介绍优化 ChatGPT 指令的基本技巧，让用户对 ChatGPT 更加了解。

3.2.1 指定受众人群

用户在与 ChatGPT 进行对话时，可以指定受众群体。通过提供与特定领域、特定背景或专业知识相关的问题，让 ChatGPT 更好地理解你的需求，从而提供更准确、高效的回复，具体示例如下。

 提问

请针对经常进行户外活动的人群创作一篇有关多功能户外手表的产品推广文案，要求突出产品的耐用性、多功能性（如 GPS 定位、心率监测、天气预报等），以及如何适应各种极端天气条件，字数控制在 500 字左右

 ChatGPT

面对自然的挑战，每一次户外探险都是对勇气和毅力的考验。在探险过程中，一款专业的多功能户外手表不仅是时间的记录者，更是探险者最可靠的伙伴。我们的多功能户外手表，专为极限运动和户外活动爱好者设计，将耐用性、多功能性和极端天气条件的适应性融为一体。

这款手表的耐用性毋庸置疑，无论是深入雨林的潮湿、攀登雪山的严寒，还是穿越沙漠的酷热，坚固的设计和高质量材料保证它在各种极端环境中稳定运行。其防水、防尘、抗冲击的特性，确保你在最激烈的活动中也无须担心手表的安全。

多功能性是这款手表的另一大亮点，它集成了 GPS 定位、心率监测、天气预报等功能，无论是在偏远地区探险还是

在日常训练中，都能提供实时的数据支持，帮助你更好地了解自身状态和周围环境，确保安全和效率。特别是 GPS 定位功能，无论你身处何方，都能确保你不会迷失方向。

无论是烈日下的徒步，还是寒风中的滑雪，这款多功能户外手表都能适应各种极端天气条件，为你的户外探险提供坚实的技术支持。选择它，就是选择了一个可靠的伙伴，让每一次出行都更加安心、顺利。让我们与自然同行，挑战极限，探索未知。这一切，都从一款专业的多功能户外手表开始。

3.2.2 使用不同视角

在平时的写作过程中，用户可以通过在不同的段落或章节中使用不同的视角，引入不同的人物、观点或经历，丰富文章的厚度。将这个思路运用到编写提示词中，可以让 ChatGPT 更好地完成创作任务，具体示例如下。

提问

请以第一人称视角创作一篇动物摄影纪录片的开场旁白文案

ChatGPT

在这个星球上，每一个角落都充满了生命的奇迹。我是一名动物摄影师，我的镜头捕捉着大自然中最纯粹、最动人的瞬间。随着时间的流逝，我深深地意识到，每一次按下快门，不仅仅是记录美的瞬间，更是与这个世界上最真实的美进行对话。

太阳初升，金色的光芒洒满大地，我踏上了一段新的旅程。森林里，树叶沙沙作响，一只松鼠急匆匆穿过林间，它的小巧身躯在阳光下投下微小的影子。这是一个充满活力的世界，每一个生命都在为生存而努力。我的相机静静地记录下这一刻，仿佛时间在这里凝固。

我继续前行，来到了一片开阔的草原。远处，一群野马在奔跑，它们的毛在风中飞扬，自由而野性。我按下快门，捕捉到了它们奔跑的姿态，那是一种力量的展现，也是大自然赋予它们最宝贵的礼物。

沿着蜿蜒的河流，我找到了一处安静的湖泊。湖面如镜，偶尔有鱼儿跃出水面，激起一圈圈涟漪。岸边，一只灰鹤在优雅地觅食，它那长长的腿和直挺的身姿，像是一位优雅的舞者。我轻轻地调整相机的焦距，捕捉下这一幕宁静而和谐的画面。

这就是我的旅程，一场永无止境的探索。我希望，看到我拍摄的优美的照片，人们能够更加珍惜这个星球上的每一份生命，共同守护我们美好的家园。在这个旅程中，我将继续前行，用我的相机，记录下更多动人的故事，与你一同见证这个世界不为人知的美。

3.2.3 加入种子词

种子词是指生成文章中需要包含的重要字词。在提示词中加入种子词，可以帮助 ChatGPT 模型更快地提取到恰当的文本数据，从而生成更为有效的答案，具体示例如下。

提问

请根据种子词生成一篇便携式咖啡机的推广文案，字数控制在 400 字以内。种子词：快速冲泡、紧凑轻便、环保材质

 ChatGPT

在忙碌的生活中，一杯优质的咖啡不仅仅是日常生活的一部分，更是精神的提振剂。现在，带给您全新体验的便携式咖啡机，具有快速冲泡的功能、结合紧凑轻便与环保材质的完美设计，让您随时随地享受到专业级别的咖啡。

这款便携式咖啡机采用了最先进的快速加热技术，只需几分钟，您就能品尝到浓郁香醇的咖啡，无论是在办公室紧张工作的间隙，还是在户外活动中短暂的休息时间，都能迅速为您注入活力。

其紧凑轻便的设计，使携带变得无比简便。不管是背包还是手提包，都能轻松放入，成为您日常生活和旅行的最佳伴侣。而且，我们特别选用环保材料进行制作，既保证了产品的耐用性，又致力于减少对环境的污染，让您在享受美味咖啡的同时，也为地球的可持续发展贡献一份力量。

选择我们的便携式咖啡机，不仅是选择了便捷和品质，更是选择了一种健康和环保的生活方式。立刻加入我们，让每一天都充满活力与香醇的咖啡香气。

3.2.4 套用固定模板

当用户需要 ChatGPT 生成特定的内容时，可以套用"你的角色【专业领域】+ 你的能力【成果期待】+ 我希望你【任务需求】"这一固定指令模板，让 ChatGPT 生成我们想要的答案，具体示例如下。

 提问

你的角色是室内设计师，你具备出众的审美观和空间规划能力，能够创造出既舒适又具现代感的居住环境。现在我希望你以智能家居系统为主题写一篇设计理念介绍，字数控制在 400 字左右

 ChatGPT

在当今快速发展的科技时代，智能家居系统成为现代居住环境设计的核心。作为一名室内设计师，我深信整合智能家居系统不仅能够提升居住的舒适度和便利性，还能为居住空间增添一份现代感。我的设计理念旨在创造一个既智能又美观的居住环境，通过精心的空间规划和技术整合，使每一个角落都充满智能化的便捷和舒适的氛围。

在这一理念下，智能照明系统能够根据居住者的生活习惯和自然光线的变化自动调整，创造出最适合的照明环境。智能温控系统确保室内温度始终保持在最舒适的状态，无论外界环境如何变化。此外，智能安全系统提供全天候的安全保障，让居住者时刻感到安心。音乐、娱乐和其他家居设备的智能集成，使生活更加便捷和愉悦。

我认为，一个好的设计不仅仅是看得见的美观，更重要的是要提升居住者的生活质量。通过将智能家居系统融入室内设计，我们不仅能创造出充满现代感的居住环境，还能让每个人的居住体验变得更加个性化、舒适和安全。这就是我追求的设计理念，通过技术与美学的完美结合，为居住者打造一个智能化、高效和舒适的家。

3.2.5 生成专业回答

随着 ChatGPT 的应用场景不断扩大，使用人群不断增多，人们对 ChatGPT 生成更加专业性的答案的

需求也不断增多。而掌握"问题背景 + 任务需求 + 行业专家模板或方法论"这一指令模板，能够帮助我们生成更加专业性的回答，具体示例如下。

 提问

根据《金字塔原理》的理论，生成 3 条关于高清显示器的广告文案，并说明为什么符合书中的理论

 ChatGPT

《金字塔原理》是芭芭拉·明托提出的一种有关思考、写作和解决问题的方法论。其核心思想是先提出结论，然后按照逻辑顺序排列支持这个结论的论据。根据这个原理，高效的广告文案应当先清晰地传达产品的主要优势，然后逻辑性地展开细节，以支撑这些优势。对于高清显示器的广告文案，我们可以这样构思：

1. **引领未来的视觉享受**：选择我们的高清显示器，不仅是购买一件电子产品，而且是获得了未来科技的视觉盛宴。这款显示器采用了最先进的显示技术，确保画面细腻且色彩鲜明，带给您前所未有的观看体验。无论是玩游戏、看电影，还是处理图像，都能提供超乎想象的细节和深度。

·**为什么符合《金字塔原理》**：首先明确提出了购买高清显示器的最大好处——未来科技的视觉享受，然后通过技术优势和应用场景支撑这一结论。

2. **工作与娱乐的完美平衡**：我们的高清显示器不仅画质惊艳，而且考虑到了长时间使用的舒适度。高分辨率与护眼技术的结合，让您在追求极致视觉体验的同时，也保护了您的眼睛，是追求效率和健康的理想选择。

·**为什么符合《金字塔原理》**：这里先提出了产品的双重价值——高质量的显示效果和健康保护，然后解释了实现这一点的特性（高分辨率和护眼技术），逻辑清晰地支持了主要论点。

3. **无缝集成您的数字生活**：我们的高清显示器设计时尚，兼容性强，无论是家庭影院、游戏设置，还是专业工作站，都能轻松适应。支持多种接口，让您的所有设备都能高效连接，真正实现了一站式的数字生活解决方案。

·**为什么符合《金字塔原理》**：广告先概述了显示器的多功能性和高兼容性，然后详细说明了其支持的具体接口和应用场景，逐步展开支持论点的论据，让读者清晰理解产品的全面优势。

通过这样的结构安排，每条广告文案都先给出了一个吸引人的主要优势，再以逻辑性强的方式展开细节，具体说明为什么这个显示器值得购买。这符合《金字塔原理》的要求，即从总结性的结论出发，逐步提供细节支持这一结论。

3.2.6 拓宽模型思维

如果用户需要用 ChatGPT 来生成创意项目以及策划类的方案，可以在提示词的末尾加上"What are some alternative perspectives（有哪些可以考虑的角度）？"，这个指令可以拓宽 ChatGPT 模型的思维广度，具体示例如下。

 提问

早睡早起有什么好处？ What are some alternative perspectives？

 ChatGPT

早睡早起有许多好处，主要包括：

---

1. **改善心理健康**：保持充足的睡眠有助于减轻压力和焦虑，提高情绪稳定性。

2. **增强记忆力和学习能力**：睡眠是大脑处理信息和巩固记忆的关键时期，充足的睡眠有助于提高学习效率和记忆力。

3. **促进身体健康**：早睡早起有助于改善睡眠质量，减少患心脏病、糖尿病等疾病的风险。

4. **提高生产力和集中力**：良好的睡眠习惯可以让人白天精力充沛，提高工作效率和学习能力。

5. **增强免疫系统功能**：足够的睡眠有助于增强免疫功能，抵抗疾病。

然而，也存在一些持不同观点的人，他们认为早睡早起不一定适合每个人，主要基于以下几点考虑：

1. **个体差异**：每个人的生物钟和节律不同，有的人可能是夜猫子，晚上更有创造力和生产力。

2. **社会和工作需求**：对于一些工作或社交活动，晚上可能是更为活跃或必要的时间段。

3. **压力和焦虑**：对于一些人来说，如果他们自然倾向于晚睡，强迫自己早睡早起可能会引发压力和焦虑。

4. **质量而非数量**：一些研究表明，睡眠的质量比数量更重要。即使晚睡，只要保证睡眠质量，同样可以健康生活。

综上所述，虽然早睡早起有许多益处，但最重要的是找到符合个人生物钟和生活方式的睡眠模式，确保睡眠的质量，以维持身心健康。

本章小结

本章主要向读者介绍了优化 ChatGPT 提示词的方法，从优化提示框架到优化固定指令，让读者灵活运用 ChatGPT 生成所需的提示指令。通过本章的学习，能够使用户学以致用，真正习得 ChatGPT 的用法。

课后实训

下面用指定受众人群的方法，让 ChatGPT 提供牛奶的电商产品推广文案，具体示例如下。

 提问

请针对正在发育的小学生创作一篇牛奶的电商产品推广文案，字数控制在 400 字左右，该产品的特点是富含钙质，易于吸收，适合小学生的体质

 ChatGPT

在孩子的成长道路上，每一步都充满了探索与发现。作为家长，我们总希望给予他们最好的支持，特别是在营养补充上。今天，我要介绍一款特别适合小学生的牛奶——"成长宝贝牛奶"，一个专为促进孩子健康成长而设计的产品。

"成长宝贝牛奶"不仅仅是一款牛奶，还是孩子成长的伙伴。它含有丰富的钙质，是每个正在发育的小学生都需要的重要营养素。我们知道，钙对于孩子的骨骼发育至关重要，而"成长宝贝牛奶"中的钙质易于吸收，可以更有效地满足孩子们对钙的需求。

此外，我们特别考虑到小学生的体质，精心调配了牛奶的配方，确保每一滴牛奶都富含对孩子健康成长有益的营养。在这款牛奶中，孩子们不仅能够获得足够的钙质，还能享受到美味的口感。

为了孩子的健康成长，选择"成长宝贝牛奶"吧，让我们一起见证他们的成长历程，用爱和营养守护他们的每一个成长瞬间。现在就让我们携手"成长宝贝牛奶"，为孩子的健康成长加油！

改变提示词，让 ChatGPT 重新生成一篇针对老年人的牛奶推广文案，ChatGPT 会重新生成回答，具体示例如下。

提问

请根据易于吸收这一特点，重新生成一篇针对老年人的牛奶推广文案，字数控制在 400 字左右

ChatGPT

随着年龄的增长，我们的身体对营养素的吸收能力逐渐下降，营养的补充却变得更加重要。今天，我要向大家推荐一款专为老年人设计的牛奶——"金岁月牛奶"。它不仅富含钙质，更重要的是，其特殊配方让钙质易于吸收，特别适合老年人的体质。

我们深知，钙是维持骨骼健康的重要元素，尤其对于老年朋友，补充高质量的钙质对预防骨质疏松等疾病至关重要。"金岁月牛奶"正是为了满足这一需求而生。每一滴牛奶都含有易于人体吸收的钙质，帮助老年人更好地维持骨骼健康，享受活力充沛的生活。

此外，"金岁月牛奶"在口感上也经过了特别的调整，既保留了牛奶的醇厚口感，又考虑到了老年人的味觉需求，使其更加适合老年人日常饮用。

选择"金岁月牛奶"，就是选择了一个健康、充满活力的生活伴侣。我们致力于根据老年人的体质研发牛奶配方，为他们的健康饮食提供支持。让我们一起，为了爱的人，为了自己，选择"金岁月牛奶"，享受健康、快乐的黄金岁月。

AI 文案篇

第 4 章　文案生成：
让 ChatGPT 4 助你高效写作

在写作文案内容时，为了使文案的整体价值达到最大化，可以拆分各个结构分别进行拟写和润色，这有助于提高文案的清晰度、吸引力和说服力，从而实现高效提问生成优质文案的目的。本章将介绍运用 ChatGPT 生成优质文案内容的方法。

4.1 生成标题文案

为 ChatGPT 提供一定的提示，它就能生成相应的标题文案。清晰、具体的提示词能够引导 ChatGPT 生成我们所期待的答案。本节将介绍运用 ChatGPT 生成不同类型的标题文案的操作方法。

4.1.1 悬念式

悬念式标题文案是一种文案写作技巧，通常是在标题中设置一个问题或挑战，以引起受众的好奇心和兴趣，促使他们阅读文章。用户可以在 ChatGPT 中输入提示词，引导 ChatGPT 生成悬念式标题文案，具体示例如下。

 提问

提供以汽水广告为主题的悬念式标题文案

 ChatGPT

创作一个悬念式的标题文案，旨在吸引观众对汽水广告的兴趣，可以通过引入神秘元素、挑战或惊喜来激发目标受众的好奇心。这里提供几个示例：

1. 揭秘：这款新汽水，改变了他们的夏日！

2. 只需一口，即刻开启未知的味觉之旅。

3. 敢于尝试，发现隐藏在气泡之下的秘密！

4. 准备好了吗？一场口味的革命即将到来。

5. 当夜幕降临，这款汽水将照亮你的世界。

6. 挑战未知：找出这款汽水中的神秘成分。

7. 每一瓶都有一个故事，你听到了吗？

8. 不仅仅是汽水，一次味觉上的冒险等着你。

9. 解锁夏日最清凉的秘密：全新汽水现已上市！

这些标题旨在激发目标受众的好奇心，引导他们进一步了解产品或观看广告。标题中的悬念元素鼓励观众探索和发现广告背后的故事或产品特性。

4.1.2 对比式

对比式标题文案是一种在标题中加入对比要素的文案写作技巧，通过制造不同事物或事件之间的差异，让受众快速了解文章的主要内容。下面将介绍引导 ChatGPT 生成对比式标题文案的操作方法，具体示例如下。

提问

为一篇关于选择电动车还是燃油车的今日头条文章提供对比式标题文案

 ChatGPT

关于撰写一篇关于选择电动车还是燃油车的文章的对比式标题文案，您可以考虑以下几种创意标题：

1. 电动车 VS 燃油车：未来出行的抉择

2. 投资未来还是坚持传统？电动车与燃油车大比拼

3. 谁主沉浮：电动车和燃油车的终极对决

4. 电力革命对燃油守旧：选择的十字路口

5. 环保出行与性能驾驶：电动车与燃油车的选择难题

6. 节能减排还是动力十足？电动车与燃油车的利弊对比

7. 电动车和燃油车：2024 年买车指南

8. 电动车的兴起与燃油车的抗争：该如何选择？

9. 电动车还是燃油车，这是一个问题：出行方式的未来展望

10. 新能源浪潮：电动车与燃油车的生存竞争

这些标题旨在激发读者的好奇心，并引导他们探索电动车和燃油车各自的优势与劣势，以及它们在未来出行方式中的地位。选择合适的标题可以更好地吸引目标受众，促使他们阅读您的文章。

继续在输入框中输入提示词，引导 ChatGPT 生成适合于纪录片的对比式标题文案，具体示例如下。

 提问

为一个丛林探险的纪录片提供对比式标题文案

 ChatGPT

为您的丛林探险纪录片提供对比式标题，可以吸引观众的注意力，同时突出探险的神秘感与挑战性，以下是一些创意标题建议：

1. 蔚蓝与翠绿之间：海洋探秘与丛林奇遇

2. 丛林之心与城市之灵：自然野性对抗人类文明

3. 未知的呼唤：荒野探险与都市逃逸

4. 生与死的边缘：丛林生存挑战

5. 天堂与地狱：丛林探险的两面

6. 野性的召唤与文明的回响：一次丛林深入之旅

7. 绿色迷宫与钢铁丛林：自然与人造世界的对决

8. 从光明到黑暗：丛林探险中的极致体验

9. 宁静与风暴：丛林中的平和与危机

10. 探索未知：丛林秘境与人心荒漠

这些标题试图描绘出探险活动与日常生活的对比，不仅仅是自然界中的丛林与其他环境的对比，也包括了人与自然、未知与已知、宁静与危险之间的对比。选择恰当的标题可以为观众提供一窥纪录片内容的窗口，激发他们的好奇心和探索欲。

4.1.3 隐喻式

隐喻式标题文案是指在标题中融入隐喻手法的文案技巧，能够生动形象地吸引读者的眼球，并使其产生情感共鸣。我们可以运用 ChatGPT 快速生成隐喻式标题文案，具体示例如下。

 提问

为饭店的开业活动宣传海报提供隐喻式标题文案

 ChatGPT

为一家饭店的开业活动宣传海报提供一个富有隐喻意味的标题，可以吸引顾客的注意力，并展示出餐厅的独特魅力或提供的特殊体验。这里有几个创意标题的建议：

1. 味觉之旅，启航新篇章

2. 舌尖上的梦想乐园

3. 味蕾探险：未知的美味等你发现

4. 从心出发，追寻美味的足迹

5. 回味无穷，一餐定情

6. 美食的归宿，味道的起点

7. 食物的诗，每一口都是灵感

8. 美食的盛宴，开业的喜悦

9. 味道的奥秘，等你来揭晓

10. 美食之光，照亮味蕾的旅程

若是觉得 ChatGPT 生成的回复过于大众化，想要更有文艺感的标题文案，可以继续输入相应的提示词，让 ChatGPT 生成更加文艺且小众的标题，具体示例如下。

 提问

更文艺、小众一点

 ChatGPT

为追求文艺和小众风格的饭店开业活动宣传海报提供标题，可以考虑更加细腻和有深度的语言，以及更加独特和有创意的隐喻。以下是一些建议：

1. 月光下的味蕾诗篇

2. 风过留香，岁月如歌

3. 星辰大海，盘中美餐

4. 浅吟低唱，味之初见

5. 时光浅酌，美食绘卷

6. 诗意盘旋，食在有情

7. 云水谣，舌尖上的旅行

8. 味蕾漫游，梦里花开

9. 静夜思，美食与你

10. 一餐一遇，与味同行

这些建议试图通过更加文艺和抽象的语言，营造一个既唯美又具有深度的氛围，吸引那些寻求独特餐饮体验和享受生活艺术的顾客。选择与你的饭店氛围、风格或理念相呼应的标题，可以更好地展现饭店的独特魅力。

4.1.4 数字式

数字式标题文案，顾名思义是一种在标题中融入数字的文案技巧。这类标题文案具有数字的优势，能够直观、有说服力地展现文章或视频的核心内容，满足人们快节奏、泛娱乐的需求。在 ChatGPT 中输入合适的提示词，就能够获得数字式标题文案参考，具体示例如下。

提问

数字式标题文案是什么?

ChatGPT

数字式标题文案指的是在标题或文案中使用数字来吸引读者注意力的一种写作策略。这种方式在营销、广告、新闻报道、博客文章等多个领域中十分常见，因为数字有具体性、清晰度和可度量性，能增加信息的吸引力和可信度。

数字式标题文案的例子包括："7 个简单步骤提高你的英语口语能力""2023 年十大科技趋势"或"如何在 30 天内提高个人效率：5 个关键策略"。

使用数字式标题文案时，最重要的是确保内容质量与标题所承诺的一致，避免使用夸大或误导性的数字，因为这可能会损害品牌形象。

在同一聊天窗口中输入提示词，向 ChatGPT 获取机械键盘的数字式标题文案，具体示例如下。

提问

提供 10 个关于宣传机械键盘产品的数字式标题文案

ChatGPT

为了宣传机械键盘产品，以下是 10 个吸引人的数字式标题文案，旨在吸引潜在顾客的注意力并突出产品的独特卖点：

1. 5 个理由解释为什么这款机械键盘是游戏玩家的首选

2. 7 种方式让你的机械键盘提升工作效率

3. 2024 年最值得期待的 10 款机械键盘

4. 3 个技巧助力选择最适合你的机械键盘

5. 8 款机械键盘对比测评：哪款胜出?

6. 4 个关键因素决定机械键盘的舒适度和耐用性

7. 6 种自定义机械键盘选项，打造个性化工作站

8. 从入门到高级：5 款机械键盘帮你提升打字速度

9. 每位设计师必知的 9 个机械键盘选购技巧

10. 如何维护你的机械键盘：10 个简单步骤确保长久使用

这些标题将数字和具体的利益点结合在一起，不仅能够吸引潜在的顾客的注意力，还提供了关于机械键盘如何满足不同用户需求的具体信息。通过这种方式，可以有效地吸引目标受众，并鼓励他们深入了解产品详情。

还可以给 ChatGPT 提供数字式标题文案范例，让其模仿范例来生成数字式标题文案，具体示例如下。

 提问

抖音短视频中的数字式标题文案风格通常为 "20 岁之前，你应该明白这些道理" "10 套适合高个子女生穿的裙子，你更喜欢哪套呢？" "90% 的人不知道抖音这个功能" "5 个方法让你成为 P 图高手"。请你模仿上述风格，为传授学习技巧的短视频提供标题文案参考

ChatGPT

模仿上述风格，为传授学习技巧的短视频提供的标题文案如下：

1. 18 岁前，你必须掌握的 5 大学习方法

2. 90% 的学霸都在用的 7 个学习秘诀，你知道吗？

3. 学习效率低？试试这 3 个科学方法，立刻得以提升！

4. 如何在一个月内记住一个学期的内容？4 个步骤让你轻松做到

5. 告别拖延，5 种方法让你的学习动力满满

6. 80% 的人不知道的记忆技巧，轻松应对考试

7. 每个学生都应该知道的 10 个高效笔记方法

8. 如何提高阅读理解速度？6 个技巧帮你快速掌握

9. 不再害怕数学，揭秘 5 个让你爱上数学的学习技巧

10. 学会这 3 个思维导图绘制技巧，让你的学习更有条理

这些标题利用数字和能够引起好奇心的表述来吸引观众，同时暗示视频内容将提供实用且易于实施的学习策略。通过这种方式，提高观众点击观看的概率，实现视频的使用价值。

4.1.5 借势式

借势式标题文案主要是指借助热点事件、热点人物、热点元素的热度来创作标题的文案技巧。用户在 ChatGPT 中输入恰当的提示词，能够快速获得借势式标题文案参考。下面将介绍 ChatGPT 生成借势式标题文案的方法，具体示例如下。

 提问

借势式标题文案主要是指借助热点事件、热点人物、热点元素的热度来创作标题的文案技巧。请提供几种借势式标题文案

ChatGPT

借势式标题文案的技巧在于捕捉目前流行的话题或事件，并将其与你的内容或产品巧妙地结合起来，以此吸引观众的注意力。这里提供几种不同场景下的借势式标题文案示例：

1. 技术产品或应用

·当前热点：流行的科技展览会

标题示例："如何让你的智能家居设备在【科技展览会名称】中脱颖而出"

2. 时尚行业

·当前热点：某知名时尚品牌发布的新系列

标题示例："【品牌名称】新系列发布：如何将这些潮流元素融入你的日常衣橱"

3. 饮食行业

·当前热点：节日或季节性食材

标题示例："这个【节日名称】，用这些季节性食材给你的餐桌添色彩"

4. 旅游行业

·当前热点：热门旅行目的地

标题示例："探索【热门旅行目的地名称】：不可错过的景点和隐藏的秘密"

这些示例仅供参考，根据你的具体内容或产品，你可以调整或灵活变换这些标题文案的构成，以最大限度地利用当前的热点话题或事件。

也可以列举具体的热点，让 ChatGPT 结合热点生成标题文案，具体示例如下。

 提问

春节临近，请结合春节的热度，提供适合短视频的标题文案参考

 ChatGPT

结合春节这一传统节日的热度，以下是一些适合短视频平台的标题文案参考，旨在吸引观众的注意力，激发他们的兴趣和情感共鸣：

1. 家庭聚会主题："团圆饭大比拼：谁家的春节晚餐最豪华？"

·利用春节吃家庭团圆饭的传统，激发观众对美食和家庭温情的兴趣。

2. 年货采购："春节年货大揭秘：小众市场淘宝指南！"

·聚焦春节前的购物热潮，提供市场淘宝技巧和年货推荐。

3. 传统习俗："春节习俗大挑战：你不知道的 5 个过年神操作！"

·探索和分享春节期间的传统习俗和一些鲜为人知的庆祝方式。

4. 装饰 DIY："春节家居变身记：低成本 DIY 节日装饰！"

·提供有创意且经济实惠的方法，让观众学会如何自己动手装饰家庭，增加节日氛围。

5. 旅行主题："春节避开人潮的秘密旅行地：未被发现的美景！"

·对于想要在春节期间避开人群旅行的观众，提供独特的旅行目的地和建议。

6. 年夜饭菜谱："春节年夜饭救星：5 道简单快速的家常菜！"

·针对不擅长烹饪或时间有限的观众，提供易于制作的年夜饭菜谱。

7. 红包攻略："春节红包攻略：如何既省钱又亲近小辈？"

·分享经济实惠的红包分发策略和创意红包的想法，帮助观众处理春节期间的财务压力。

8. 回乡故事："春节归乡记：千里返乡的温馨和泪点！"

·讲述感人的回家旅行故事，触动人心的归乡情结，共鸣观众的情感。

这些标题文案旨在通过结合春节的热点元素和观众的日常生活，创造出既有趣又具有吸引力的内容。借势春节的文化和情感价值，可以大大提升短视频的观看量和互动频率。

4.1.6 观点式

观点式标题文案是指在标题中融入创作者观点的文案技巧。这类技巧要求观点鲜明、独树一帜、能够迅速吸引受众的关注。观点式标题文案常作为说理性强的文章或短视频的标题。用户运用 ChatGPT 也能够快速获得观点式标题文案参考，具体示例如下。

提问

观点式标题文案是什么？

ChatGPT

观点式标题文案是一种用于吸引目标受众注意力，并促进内容点击或阅读的文案写作手法。它通常包含明确的观点、立场或意见，旨在激起读者的好奇心或情感反应，从而增加内容的吸引力。这种标题往往直接、有力，能够快速传达出作者或内容的主要论点，使其与众不同，从而在信息海量的环境中脱颖而出。

举例来说，一个普通的新闻标题可能是"最新研究显示夜间使用手机可能影响睡眠质量"，而观点式标题则改为"为什么晚上用手机是健康的大敌？"这种标题形式通过提问或表达强烈立场，吸引那些对该观点感兴趣或有不同看法的人进行点击和阅读。

观点式标题文案在营销、新闻报道、社交媒体等多个领域都很常见，尤其是在吸引用户注意力竞争极其激烈的在线平台上。使用时需注意平衡，过于夸张或误导的标题可能会导致"点击诱饵"（clickbait）的负面影响，损害品牌或媒体的信誉。正确地使用观点式标题是一种有效吸引受众、引发讨论和分享的策略。

继续输入具体的需求，让 ChatGPT 为《钢铁是怎样炼成的》这本书提供观点式标题文案作为封面宣传语，具体示例如下。

提问

请为《钢铁是怎样炼成的》这本书提供观点式标题文案作为封面宣传语

ChatGPT

为《钢铁是怎样炼成的》这本书提供一个观点式标题文案作为封面宣传语，可以强调书中所传达的坚韧不拔和个人成长的主题，这样的标题旨在激发潜在读者的兴趣，让他们感受到这本书的深刻意义和启发作用。考虑到这一点，以下是一个观点式的封面宣传语建议：

"在逆境中铸就不屈的钢铁意志：探索勇气与坚持的真正含义"

这个宣传语直接点明了书中探讨的核心理念——困难和挑战锻造个人的意志和力量。它呼应了书名 "钢铁是怎样炼成的"，同时向读者展示了更深层次的探讨，即个人成长和胜利的过程不仅仅是物质的，也是精神和情感的战斗。这样的宣传语旨在吸引那些对于个人挑战、成长和胜利感兴趣的读者，激励他们通过阅读这本书来寻找力量和灵感。

4.2 生成文案开头

与标题文案一样，文案的开头也起到激发受众观看兴趣的作用，好的标题文案影响着受众是否观看文章或视频，而好的文案开头则影响着受众是否能够看完文章或视频，因此用户对于文案开头的创作也不能懈怠。

运用 ChatGPT 的文本生成功能，能够为用户提供创作文案开头的灵感。本节将举例介绍 ChatGPT 生成文案开头的具体方法。

4.2.1 点明主题式

点明主题式文案开头是指在开头就直接点明主题的文案技巧，即 "开篇点题"。这类文案技巧可以借开头引出文章的中心主题，让受众一目了然，并且能够给受众留下深刻的印象。

点明主题式文案开头在小说、营销软文、视频脚本中广泛应用。在 ChatGPT 中输入恰当的提示词，便可以获得点明主题式文案开头参考。下面将介绍两种在 ChatGPT 中输入提示词获得点明主题式文案开头的方法。

第 1 种方法是先让 ChatGPT 知道对话前提，然后再输入需求进行提问，具体示例如下。

 提问

点明主题式文案开头是指在开头就直接点明主题的文案技巧

 ChatGPT

点明主题式文案开头是一种在文案或文章开头直接表达主题或核心观点的写作技巧。这种技巧有助于迅速吸引读者的注意力，清晰地告知他们将要阅读的内容主题，从而提高读者的兴趣和阅读效率。使用这种方法可以使文案更加直接和有焦点，在需要迅速传递信息或者在受众注意力有限的情况下尤为有效。

点明主题式开头区别于其他较为含蓄或逐步揭示主题的写作方法，在文章或文案一开始就清晰地表达主题，确保了读者从一开始就能明白文章的目的和方向。适用于营销文案、新闻报道、学术论文摘要、博客文章等多种写作领域。

例如，如果一篇文章的目的是介绍一种新的健康食品，点明主题式的开头就是这样的："本文将介绍 ×× 食品，一种革命性的新型健康食品，它有助于改善你的饮食习惯。" 这样的开头直接告诉读者文章的主题和期望他们获得的信息，从而提高阅读兴趣。

在撰写点明主题式文案时，重要的是确保开头既吸引人又形象具体，能够准确反映文章或文案的主要内容和价值主张。这种写作技巧不仅有助于提高信息的传达效率，还能够在众多信息中让你的内容脱颖而出，吸引目标受众的注意力。

输入具体的需求，让 ChatGPT 提供 5 个关于超市打折广告语的点明主题式文案开头示例，便可以得到点明主题式文案开头参考，具体示例如下。

 提问

提供 5 个关于超市打折广告语的点明主题式文案开头示例

 ChatGPT

点明主题式文案开头在超市打折广告中特别有效，因为它能够迅速吸引消费者的注意力，并直接传达优惠信息。以下是 5 个示例，展示如何在超市打折广告中运用这种技巧：

1. 限时优惠：本周末全场商品享受高达 50% 的折扣！

2. 节省大计：精选生鲜食品现享 8 折优惠，健康饮食从今天开始。

3. 大促销启动：买二送一，精选家居必备品，打造完美家居生活。

4. 超值回馈：会员专属，本月购物满 100 元即可获得 20 元现金回扣。

5. 周末特卖：所有服装品牌一律 7 折，更新你的衣橱，低至惊人价格。

这些示例在开头直接点明了促销活动的主题和优惠详情，使潜在顾客一眼就能看到吸引他们的内容，激发他们的购买兴趣。通过这种方式，超市能够有效地传达促销信息，鼓励消费者参与活动。

第 2 种方法是先提供给 ChatGPT 一个点明主题式文案开头实例，然后让其模仿生成更多的点明主题式文案开头，具体示例如下。

 提问

小说《局外人》的开头是 "今天，妈妈死了。也许是在昨天，我搞不清……"，之后的内容都是围绕 "我" 的母亲去世展开的。这样的开头简洁、直白，属于点明主题式文案开头

 ChatGPT

是的，小说《局外人》的开头是阿尔贝·加缪（Albert Camus）经典的文学作品中一个非常著名的例子，它以极其简洁、直白的方式引入了整个故事的核心主题。这句开头，"今天，妈妈死了。也许是在昨天，我搞不清……" 不仅立即引起了读者的注意，而且以其平淡无奇的情感表达，直接揭示了主人公对待生活和死亡的疏离感和冷漠态度，这是整部小说探索的中心议题之一。

通过这种点明主题式的开头，加缪有效地设定了小说的基调，即对存在的异化感和人类存在条件的反思。这种开头直接点明了故事的主要事件，并暗示了主人公对这一事件的反常反应，从而为读者提供了对他性格和世界观深入探讨的线索。这种技巧使得《局外人》的开头成为文学史上最具标志性的开头之一，显示了点明主题式开头在创造深刻、引人入胜的文学作品中的强大力量。

输入需求，让 ChatGPT 模仿这种写法，提供一个小说开头，我们就能得到适用于小说的点明主题式文案开头，具体示例如下。

提问

请模仿这种写法，提供一个小说开头

ChatGPT

今天，我失去了工作。也许昨天就已经注定，我却浑然不觉……

这句开头以简洁、直白的方式引入了故事的主要冲突——主人公失业的现实。它不仅立即吸引了读者的注意力，而且通过"也许昨天就已经注定，我却浑然不觉……"的表述，透露了主人公对即将到来的变化缺乏准备，甚至对自己的生活感到疏离。这样的开头为深入探讨主人公如何应对这一生活转变，以及这一事件如何影响他的自我认知和他与周围世界的关系，设置了一个引人入胜的起点。

还可以赋予 ChatGPT 一定的身份，再让其模仿，我们就能得到适用于短视频的点明主题式文案开头，具体示例如下。

提问

假设你是一个带货短视频博主，请模仿上述写法，提供一个适合作为短视频开头的文案

ChatGPT

今天，我发现了这个神奇的厨房小助手。也许你昨天就需要它了，只是还没遇见……

这句开头直接引入了视频的主题—— 一个厨房小工具的介绍，并以一种轻松而吸引人的方式激发观众的好奇心。通过暗示该产品解决了一个观众可能尚未意识到的问题（也许你昨天就需要它了，只是还没遇见……），这样的开头旨在立即吸引观众的注意力，并引导他们继续观看以了解更多的关于这个"神奇的厨房小助手"的信息。这种方法不仅为产品做了有效的铺垫，还以一种个人化和直接的方式与观众建立了联系。

4.2.2 引经据典式

引经据典式文案开头是指引用名人名言、文学典籍、典故等作为开头揭示主题的文案技巧。这类文案技巧能够在点明文案主题的同时，增加文案内容的文化底蕴，提升文案水平，使受众眼前一亮。

运用 ChatGPT 生成引经据典式文案开头可以在提示词中说明引用什么名句，也可以直接让其生成，不限制引用的内容。下面将介绍运用 ChatGPT 生成引经据典式文案开头的操作方法，具体示例如下。

提问

《论语》中有哪些名句是关于学习的?

ChatGPT

《论语》是儒家学派的经典著作之一，记录了孔子及其弟子的言行。其中涉及学习的名句颇多，反映了孔子对于学习和教育的看法。以下是一些关于学习的著名句子：

1. 学而时习之，不亦说乎？意思是：学习后不断地实践，不是很令人愉快吗？

2. 温故而知新，可以为师矣。意味着：通过复习旧知识而获得新的理解，就可以成为别人的老师了。

3. 吾日三省吾身。意思是：我每天都要反省自己 3 次。

4. 不患人之不己知，患不知人也。意思是：不怕别人不了解自己，而怕自己不了解别人。

5. 知之者不如好之者，好之者不如乐之者。意思是：对于学问和学业，知道它的人不如喜爱它的人，喜爱它的人不如从中得到乐趣的人。

6. 学而不思则罔，思而不学则殆。意味着：只学习而不思考，会变得迷茫；只思考而不学习，会陷入危险。

这些名句揭示了孔子关于学习的几个重要观点：学习应当是一个持续不断、乐在其中的过程；学习不仅仅是为了知识的积累，更重要的是通过学习来不断反省自己，提高自我认知；学习和思考相辅相成，缺一不可。孔子的这些观点对后世的教育思想产生了深远的影响。

根据 ChatGPT 的回复，让 ChatGPT 引用"学而不思则罔，思而不学则殆"这句名句，提供一个适合短视频的文案开头，具体示例如下。

 提问

请引用"学而不思则罔，思而不学则殆"，提供一个适合短视频的文案开头

 ChatGPT

在这个知识爆炸的时代，孔子的一句话"学而不思则罔，思而不学则殆"显得尤为重要。它告诉我们，学习不仅仅是为了获取信息和知识，更重要的是要通过思考来消化这些知识，让它们转化为自己的智慧。但是，如果只是沉浸在思考中，而不去接触新的知识和信息，那我们的思考就会变得空洞和危险。如何在快速变化的世界中找到自己的学习和思考的平衡点？这不仅是一个学习方法的问题，更是一个关乎个人成长和适应社会的重大议题。接下来，我们将探索如何在这两者之间找到最佳的平衡点，让自己既能不断吸收新知，又能深刻理解和运用这些知识，从而在不断变化的世界中站稳脚跟。

4.2.3 创设情境式

创设情境式文案开头是指在开头虚拟一个场景或提出一个问题，使受众产生画面感或进行思考的文案技巧。这类文案技巧可以套用固定的句式：如"试想一下，我们正处于 ××（地方），正经历着 ××（事件），你会 ××（行动）""你们也曾经历过 ××（事件）吗"等。

运用 ChatGPT 生成创设情境式文案开头，可以套用句式进行提问，具体示例如下。

提问

创设情境式文案开头是指在开头虚拟一个场景或提出一个问题，使受众产生画面感或进行思考的文案技巧。例如，试想一下，我们穿越到了 20 年后，遇到了未来的自己，你会对未来的自己说什么？

 ChatGPT

创设情境式文案开头的确是一种引人入胜的开头方式，它通过构建一个场景或提出一个问题激发受众的想象力和好奇心，使其快速投入和关注文案的内容。这种开头方式可以让受众在心理上进入文案描述的情境之中，从而更容易被文案的主题和信息所吸引。

以你提供的示例为例，这种开头通过引入一个关于时间旅行和自我对话的想象场景，迅速激起受众对于未来、个人成长和可能的变化的思考。这不仅仅是一种激发兴趣的方法，也是一种深度连接受众情感和经验的策略。通过让读者思考与未来的自己的对话内容，触动人们对于时间、梦想，以及人生目标的深层次反思。

创设情境式文案开头的关键在于创造一个既具有吸引力又能够与主题紧密相连的情境，确保它能够激发受众的情感反应，并引导他们继续阅读。为了获得最佳效果，这种开头应紧扣文案的主旨，确保情境的设置和文案的目标受众、信息传递有着天然的契合度。

输入具体的需求，让 ChatGPT 提供一个适合于言情小说的创设情境式文案开头，具体示例如下。

 提问

请提供一个适合于言情小说的创设情境式文案开头

 ChatGPT

在一个宁静的夏夜，月光如水洒落在古老的城堡之上，一个被秘密和旧日誓言包围的世界缓缓展现。在这个世界里，有一个传说，每当月亮最圆之时，心中有爱的人便能在梦中与他们的真爱相遇。在城堡的最高塔楼中，住着一位年轻的女子，她每夜都梦见同一个神秘男子，但醒来时，只剩下零碎的记忆和深深的渴望。这一夜，她再次步入梦境，决心揭开隐藏在梦与现实之间的秘密，这一次的相遇，将会引领她走向一段意想不到的旅程，一个关于爱情、勇气和自我发现的故事就此展开。

这种开头设定了一个充满神秘和浪漫的背景，利用情境式文案开头的技巧，引发读者的好奇心，同时埋下伏笔，为后续的情节和角色发展奠定基础。这样的开头能够将读者直接带入一个具体的场景和情感状态，迅速建立起读者与文本之间的连接，提高他们继续阅读的兴趣。

4.2.4 设置问题式

设置问题式文案开头就是指在开头向受众提出问题的文案技巧。这个文案技巧要求设置的问题是面向目标人群、极具吸引力的，或是能够启发受众、扩宽受众的思维边界的。因此，在运用 ChatGPT 生成设置问题式文案开头时，需认真编写提示词。

下面介绍运用 ChatGPT 生成设置问题式文案开头的操作方法，具体示例如下。

提问

解释 warm 这个单词，并且给我 5 个常用句子

 ChatGPT

warm 这个单词通常用来描述温度或感觉是温暖的，不太热也不太冷，给人一种舒适的感觉。它可以用来形容实际的物理温度，如天气、物体的温度，也可以用来描述人的情感状态，如友好和亲切。此外，warm 还可以用作动词，表示使变暖或感觉到温暖。

下面是使用 warm 的 5 个常用句子：

1. The sun is warm today.（今天的阳光很温暖。）

2. I like to warm my hands by the fire in winter.（冬天我喜欢在火旁暖手。）

3. She gave me a warm smile when I walked in.（我走进去时，她给了我一个温暖的微笑。）

4. Please warm up the food before dinner.（请在晚饭前把食物加热。）

5. We received a warm welcome when we arrived at the village.（我们到达村子时受到了热情的欢迎。）

这些句子展示了 warm 在不同语境中的多样用法，包括描述天气、人际关系、食物加热等情境。

根据 ChatGPT 的回复输入具体的需求，让 ChatGPT 生成设置问题式文案开头，具体示例如下。

 提问

你是一个英语老师，课堂内容是讲解 warm 这个单词。现在需要你结合 warm 的解释来写一个课前导入，要求用设置问题的方式

 ChatGPT

作为一个英语老师，我会这样设计课前导入：

大家好，今天我们将要学习一个非常有趣且常用的英语单词——warm。这个单词不仅可以用来描述天气，还蕴含着丰富的情感色彩。在我们深入了解这个单词之前，我提几个问题让大家思考。

1. 当你们听到 warm 这个词时，首先想到的是什么？是温暖的阳光、热乎乎的食物，还是朋友的热情拥抱？

2. 你们能用 warm 来形容除了天气以外的东西吗？比如一个人、一个动作，或者是一种感觉？

3. 有没有哪次特别的经历，让你们感受到了 warm 的意义，不管是字面上的还是本质上的？

通过思考这些问题，我希望大家能够从不同的角度来理解 warm 这个单词，让我们一起发现它在日常生活中的应用，以及它如何帮助我们表达感情和经历。接下来，我们将详细探讨 warm 的各种用法，并通过例句来加深理解。

4.3 生成内容布局

为了达到引人入胜的目的，文案的内容布局有着多种方式，包括悬念式、平行式、层进式，以及镜

头剪接式等，这些不同方式的内容布局都可以在 ChatGPT 中生成，只需要我们提供恰当的提示词即可。本节将介绍 ChatGPT 生成内容布局的方法。

4.3.1 悬念式

悬念式内容布局是指在讲述文案内容时，不会完整地讲述全部事件，而是在情节发展的关键处断开，给受众留下悬念，以此来调动受众的观看兴趣。这种内容布局方式在软文和短视频脚本中比较常见，能够极大地吸引受众的关注和阅读兴趣。

在 ChatGPT 中生成悬念式内容布局，可以先提供一个实例，然后让其模仿实例来生成文案，具体示例如下。

提问

请提供一篇悬念式文章范例，字数控制在 300 字以内

ChatGPT

在黑夜的帷幕下，寂静的小镇突然响起一声尖叫，打破了夜的宁静。一家古老的别墅前，地上散落着几本古旧的书籍，仿佛有人匆忙逃离了现场。镇上的杰克侦探立即被召唤至案发现场。他拾起一本书，发现里面夹着一张泛黄的信件，上面写着一串未解的密码。杰克紧锁眉头，心知这不是一起普通的案件。随着调查的深入，古旧别墅的历史逐渐浮出水面，隐现出一个世纪以来的秘密。杰克意识到，解开这串密码，可能是揭开整个谜团的关键。但他不知道的是，真相的背后，远比他想象的还要复杂和危险。在这场与时间的赛跑中，每一步都可能是致命的。杰克能否解开密码，揭露隐藏在古老别墅中的秘密呢？

继续输入具体的需求，让 ChatGPT 模仿悬念式文章的写法，提供一篇关于智能手机新品发布的文章，具体示例如下。

提问

模仿悬念式文章的写法，提供一篇关于智能手机新品发布的文章，字数控制在 300 字以内

ChatGPT

就在全球瞩目的科技盛会前夕，一家著名智能手机制造商神秘失踪的原型机引发了无尽的猜测。这款原型机被誉为下一代科技的巅峰之作，拥有颠覆性的新功能，却在最后一刻神秘消失。消息一出，科技界哗然，各路记者和科技爱好者纷纷投入到这场未解之谜的追踪中。有人猜测，这是一场精心策划的营销噱头；也有人担忧，背后可能隐藏着技术泄露的阴谋。就在众人对这款手机的功能和外观进行着各种猜测时，公司突然宣布将在发布会上揭晓一个"前所未有"的惊喜。随着发布会日期的临近，这场神秘的消失事件和即将揭晓的惊喜，将如何震撼整个科技界，成为所有人翘首以待的焦点。

4.3.2 平行式

平行式内容布局是指采用平叙的方式，讲述一个事件的多个方面，或是将多个事件一起讲述的结构形式。在这类结构中，所叙述的事件没有高低、先后之分，属于平行并列的关系。下面将介绍运用 ChatGPT 生成平行式内容布局的方法，具体示例如下。

 提问

你是一个正方辩手，请针对你所支持的观点"AI 不会代替人工"，提出论点

 ChatGPT

在辩论"AI 不会代替人工"的主题时，作为正方辩手，我将支持以下几个主要论点：

1. **复杂决策和创造力的局限性**：虽然 AI 在处理大量数据、执行重复任务，以及解决某些特定领域的问题时表现出色，但它在进行复杂决策和展现创造力方面存在局限性。人类的创造力、情感智能和道德判断是 AI 难以复制的。例如，在艺术创作、科学创新，以及需要深层次同理心和道德考量的决策过程中，人类的作用不可替代。

2. **人际交往和情感联系**：人类工作不仅仅是完成任务，还包括建立人际关系和情感联系。AI 缺乏真正的情感理解和同情心，这限制了它在教育、心理咨询，以及任何需要深度人际交往的领域中的应用。

3. **伦理、责任和法律问题**：AI 的决策过程缺乏透明度，且在伦理和责任归属方面存在短板。在涉及重大道德和法律责任的领域，如医疗诊断、法律判决等，人类的参与至关重要，以确保责任和伦理标准得到维护。

4. **适应性和灵活性**：人类具有出色的适应性和灵活性，能够根据情境变化进行快速调整。相比之下，AI 系统通常需要大量数据和训练才能适应新的任务或环境。在面对未知挑战和需要即兴应对的情况时，人工具有不可比拟的优势。

5. **文化和社会因素**：工作不仅仅是产出，它与文化认同、社会参与和个人成就感密切相关。AI 无法完全理解或融入人类的文化和社会结构，因此在需要深刻理解人类社会和文化背景的职业中，人类工作者仍然至关重要。

总之，虽然 AI 技术的发展将改变工作的许多方面，但人类的独特能力、情感、道德判断和社会互动在许多领域仍然不可替代。因此，AI 与人类工作者的关系更应为互补而非替代。

继续输入提示词，让 ChatGPT 根据上述观点进行举例论证，并生成完整的论文，具体示例如下。

 提问

根据上述观点进行举例论证，并生成完整的论文

 ChatGPT

基于上述观点，我们可以构建一个论文框架，以详细阐述和论证"AI 不会代替人工"的观点。以下是一个论文大纲，包括引言、主体论点的举例论证以及结论。

引言

随着人工智能（AI）技术的飞速发展，公众和专家对 AI 是否会代替人类工作的讨论愈发热烈。尽管 AI 在数据处理、自动化任务执行等方面展现出了显著优势，但是在复杂决策、创造力、人际交往、伦理责任，以及适应性等方面，人类仍然具有不可替代的独特价值。

主体论点及举例论证

1. 复杂决策和创造力的局限性

·**举例论证**：在医疗领域，AI 可以通过分析大量病例数据来辅助诊断，但在需要进行综合判断、考虑患者的个体差异和道德伦理问题时，医生的经验和直觉发挥着不可替代的作用。此外，艺术创作，如绘画、音乐、文学等，深受个人经历、文化背景和情感的影响，这些是 AI 难以复制的。

2. 人际交往和情感联系

·**举例论证**：在教育领域，老师不仅传授知识，还通过情感支持和激励引导学生成长。虽然 AI 教育软件能够提供个性化学习路径，但它们无法理解学生的情感需求，在面对挑战时难以提供情感支持。

3. 伦理、责任和法律问题

·**举例论证**：自动驾驶汽车的决策过程中涉及的伦理选择，如在不可避免的事故中如何选择，需要人类对责任和伦理的深刻理解。AI 的决策逻辑难以透明化，而人类的参与有助于厘清决策过程的责任和伦理标准。

4. 适应性和灵活性

·**举例论证**：在灾难应对和救援任务中，情况时刻在变化，需要即时的判断和适应性强的解决方案。人类可以根据实时情况作出快速决策，而 AI 系统可能需要重新训练才能适应新的任务。

5. 文化和社会因素

·**举例论证**：在内容创作和媒体产业中，了解目标受众的文化背景和喜好至关重要。人类编辑和创作者能够理解复杂的社会和文化趋势，并据此创作出容易引起共鸣的作品。

结论

虽然 AI 技术无论是现在还是在未来都会在许多领域内扮演重要角色，但它无法完全替代人类。人类的创造力、情感理解、伦理判断、适应性和对文化的深刻理解在很多方面保持了其不可替代的价值。因此，我们应该寻求人工智能与人类劳动力的协同合作，而不是替代。

从上述 ChatGPT 生成的平行式内容布局来看，文中的各个论点例证就属于平行关系，同样作为论据来论证"AI 不会代替人工"这一论点。

4.3.3 层进式

层进式内容布局是指所描述的事件、话题等具有环环相扣、循序渐进关系的结构形式，这种结构形式非常适合需要逐步展开和详细解释的复杂主题，它有助于读者更好地理解和吸收信息。运用 ChatGPT 生成层进式内容布局，可以让 ChatGPT 先生成一个故事开头，然后按照故事发展顺序进行续写，具体示例如下。

提问
提供一个奇幻小说的开头

ChatGPT
在遥远的埃斯特拉大陆，有一个被雾气永久笼罩的古老村落，名为米斯特维尔。据说，这里是通往神秘世界的门户。

一天，年轻的探险者艾琳意外发现了一张古老的地图，上面标记着一条通往村落深处的秘密通道。怀着对未知的好奇和勇敢的心，她决定踏上寻找传说中的世界的旅程。然而，她并不知道，自己的每一步都被古老的力量所左右，她的命运将因此改变。在这个充满魔法和冒险的世界里，艾琳的旅程才刚刚开始。

让 ChatGPT 根据事情发展的先后顺序续写故事，得到层进式内容布局，具体示例如下。

 提问

请按事情发展的先后顺序续写这个故事

 ChatGPT

艾琳将古老的地图慢慢展开，每一条线、每一个符号都显得神秘莫测。她收拾好背包，装上必需的补给和一本厚厚的魔法书，决心踏上这段未知的旅程。清晨的第一缕阳光穿透薄雾，艾琳迈出了她探险的第一步。

沿着地图指示的路径，艾琳穿过了一片密林，来到了一个被遗忘的湖泊边。湖水清澈见底，传说中的湖泊是由天神遗落的泪水形成的。艾琳在湖边找到了一条隐藏在岩石下的神秘符文，这正是通往秘密通道的钥匙。她小心翼翼地触摸符文，湖水突然翻腾起来，露出了一条向下延伸的阶梯。

艾琳深吸了一口气，踏上了阶梯。随着她的下降，周围的雾气越来越浓，直到她来到了一个巨大的洞穴入口。洞穴内部光线昏暗，但她能够隐约看到墙上刻满了古老的图腾和文字，艾琳拿出魔法书，开始破译这些文字。她了解到，这里曾是一个强大魔法师的居所，隐藏着通向另一个世界的门。

随着艾琳的深入，洞穴中的风声渐渐变得有节奏，仿佛是古老的歌谣。她跟随着声音，来到了一个宽敞的大厅，中央摆放着一个发光的传送门。突然，一道人影出现在她面前，是一个看似年迈但眼神锐利的女巫。女巫告诉艾琳，传送门通向的世界充满了未知和危险，只有真正的勇者才能通过。

艾琳坚定地点了点头，表示她已准备好面对一切。女巫见状，施了一个保护咒语在艾琳身上，随后消失在空气中。艾琳深深地吸了一口气，走向传送门。就在她的脚踏过门槛的那一刻，一束耀眼的光芒将她包围，然后一切都变得模糊了……

当艾琳再次睁开眼时，她发现自己站在一个完全不同的世界中，这里充满了奇幻生物和未知魔法，天空中飘浮着色彩斑斓的云朵，地面上生长着奇形怪状的植物。艾琳知道，她的冒险才刚刚开始。

再次输入相应的提示词，让 ChatGPT 按照我们的要求，继续生成符合故事发展先后顺序的故事，展现出故事的层次递进关系，具体示例如下。

 提问

继续

 ChatGPT

艾琳环顾四周，每一处景象都充满了奇幻与未知。她拿出地图，发现它开始发光，显现出新的路径和标记，似乎是在这个新世界中的指引。艾琳跟随着地图的指示，踏上了探索这片未知土地的旅程。

她来到了一片充满生机的森林，这里的树木高达数百米，叶子散发着柔和的光芒。在探索过程中，艾琳遇到了一群神秘的生物——它们长着翅膀，身体闪烁着微光，是这个世界独有的精灵。精灵们对艾琳表示友好，并告诉她，这片森林是由一位强大的自然之神守护的。

精灵们引导艾琳前往森林的中心，那里有一棵巨大无比的生命之树。生命之树的根部隐藏着通往世界各地的秘密通道，是连接这个世界不同部分的关键。艾琳了解到，如果想要探索这个世界的每一个角落，她需要获得自然之神的认可和力量的加持。

在精灵的引领下，艾琳参与了一个神圣的仪式，请求自然之神的祝福。经过一番考验，艾琳展现出对自然的尊重和爱护之心，成功获得了自然之神的认可，感受到一股温暖而强大的力量流入她的体内。她的魔法书也因此获得了新的力量，能够解锁更多的魔法和知识。

获得了自然之神的祝福，艾琳感到自己变得更加强大。她继续她的旅程，穿越了神秘的沙漠、穿行在飘浮的岛屿之间，甚至探索了深邃的海底世界。每一处她都遇到了不同的挑战和新奇的生物，也收获了友谊、知识和力量。

艾琳的冒险还在继续，每一天都充满了新的发现和惊喜。她知道，这个奇妙的世界还有很多秘密等待她去揭晓，而她已经准备好面对一切未知的挑战。

4.3.4 镜头剪接式

镜头剪接式内容布局是指文案内容像镜头播放画面一样，同时呈现多个不同的事件、景物或人物，通过这些不同的画面来表达同一个主题的结构形式。这类内容布局一般用来表现宏大、有价值观导向的主题。运用 ChatGPT 生成镜头剪接式内容布局的短视频脚本，具体示例如下。

 提问

用不同的场景来描述春天，要体现出春天的特征

 ChatGPT

春天，位居四季之首，以其复苏的生机和盎然的生气赋予了大地以无尽的诗意和画意。下面，我们将通过几种不同的场景来描绘春天的独特魅力：

1. **乡村的早晨**：随着晨光的温柔撒落，乡村被一层淡淡的雾气轻轻覆盖，空气中弥漫着泥土和嫩叶的清新味道。小路旁，新芽破土而出，嫩绿如洗。农田里，农民开始忙着播种希望，鸡鸣狗吠，一派生机勃勃的景象。

2. **城市公园**：城市的公园成了春天的展览馆，各种花卉竞相绽放，粉的、黄的、白的，仿佛彩虹落入人间。儿童在花间追逐嬉戏，老人在树荫下悠闲地聊天，年轻人手牵手漫步在花海之中，一幅温馨和谐的画面。

3. **山间小径**：山间的小径上，野花遍地，蝴蝶翩翩起舞，蜜蜂忙碌地穿梭于花丛之间。溪流潺潺，清澈见底，山鸟时而掠过水面，时而在枝头歌唱，一切都充满了勃勃生机。

4. **海边的日落**：春天的海边，日落时分格外迷人。海风轻拂，海浪轻轻拍打着岸边，夕阳将海面染成一片金黄，海天一色，壮观而又宁静。沙滩上，人们散步、拾贝，享受着春天的温暖和海的宁静。

让 ChatGPT 将这些场景转换为表格形式的短视频脚本，具体示例如下。

提问

将这些场景转换为短视频脚本，以表格的形式

 ChatGPT

为了将春天的场景转换为短视频脚本，我们可以设计一系列镜头和描述来捕捉每个场景的独特之处。下面是一个表格，概述了每个场景的视频脚本概念：

场景	镜头	音乐和声效	叙述与动作
乡村的早晨	晨光照射着覆盖着薄雾的乡村，镜头缓慢推进展示新芽和忙碌的农民	柔和的乡村背景音乐，鸟鸣和远处的狗吠声	"在春天的第一缕阳光中，乡村苏醒了，播种着新一季的希望。"
城市公园	从花的特写镜头转为儿童追逐、老人聊天和年轻人漫步的场景	欢快的音乐，孩子们的笑声，轻风吹过树叶的声音	"春天，城市的心脏被爱与和谐充满，公园成了我们共同的庆典场所。"
山间小径	跟随蝴蝶的镜头穿越花丛，展示溪流和唱歌的山鸟	宁静的自然声音，轻柔的背景音乐	"在山间小径上，春天用它的调色板绘制了一幅生命之歌。"
海边的日落	日落时的海边全景，镜头缓缓下移展示沙滩上的活动	海浪拍打的声音，悠扬的背景音乐	"春天的海边，日落时分，是大自然最温柔的抚摸。"
郊外的花田	从空中俯瞰花田，逐渐拉近到人们在花田中漫步的镜头	轻快的音乐，花香随风传送的声音	"在郊外的花田里，春天展开了它色彩斑斓的梦想。"

4.4 生成文案结尾

文案的结尾发挥着总结与强调观点、呼吁读者采取行动、给读者留下深刻印象和引导读者深入思考的作用。好的结尾能够增强文案的吸引力和影响力，因此创作者们要重视文案结尾的创作。本节将介绍运用 ChatGPT 生成文案结尾的方法，帮助创作者们提高创作文案的水平和效率。

4.4.1 呼应型

呼应型文案结尾是指在结尾处呼应主体内容或开头的文案技巧。这类文案技巧最主要的作用是强化信息，在广告营销文案中应用较广，能够起到加深读者对产品的印象和增强读者信任度的作用。下面将介绍运用 ChatGPT 生成呼应型文案结尾的操作方法，具体示例如下。

 提问

为微波炉产品提供一段描述作为文案开头

 ChatGPT

为您的微波炉产品撰写一段引人入胜的文案开头，可以从以下几个方面入手：产品的创新特性、使用的便捷性，以

及如何融入消费者的日常生活中。以下是一个典型的例子：

在快节奏的生活中，每一分钟都至关重要。我们的最新款微波炉，以其前所未有的高效能和易操作性，重新定义了厨房的便捷性。它不仅配备了智能感应技术，确保每一道菜品都能完美加热，而且其时尚的设计和紧凑的尺寸，使其成为现代厨房的理想选择。无论是忙碌的早晨急需加热的早餐，还是深夜加班归来，只想快速享用热腾腾的晚餐，它都能满足您的需求，使美味瞬间呈现，让生活更加美好。

这段文案不仅突出了产品的关键卖点，还通过情景描绘，让潜在的消费者能够直观地感受到产品带来的便利和好处。

让 ChatGPT 根据这段开头，生成一段前后呼应的文案结尾，具体示例如下。

提问

根据这段开头提供一段前后呼应的文案结尾

ChatGPT

在这个快速变化的世界中，我们承诺为您的生活提供持久的便利与舒适。我们的微波炉不仅仅是一个厨房电器，更是您生活中不可或缺的一部分，确保无论何时何地，美味与健康都能简单快捷地出现在您的餐桌上。选择我们的微波炉，意味着选择了无与伦比的质量、创新与效率，让每一顿饭都成为您与家人享受生活、共度美好时光的机会。因为我们相信，生活中的每一刻都值得珍惜与品味。让我们一起，用科技的温度，温暖每一个家庭的心灵和胃口。

4.4.2 引用型

引用型文案结尾是指在结尾处引用文学典籍、经典语句、典故、名人名言等来深化思想、升华主题的文案技巧。需要注意的是，选择的名言名句要紧扣文案主体内容，且具有说服力和影响力。运用 ChatGPT 生成引用型文案结尾的方法与其生成引经据典式文案开头的方法相似，具体示例如下。

提问

有哪些古诗句可以用来论述知识的重要性？

ChatGPT

古诗文中关于知识、学问的重要性有很多精彩的表述，这些诗句不仅蕴含深刻的哲理，也对后人学习和探索知识有重要启迪。以下是一些可以用来论述知识重要性的古诗句：

1.《岳阳楼记》范仲淹："先天下之忧而忧，后天下之乐而乐。"这句话虽然直接讲的是关心国家大事，但也可以引申为有知识的人才能够胸怀天下，关心社会大义。

2.《荀子·劝学》："不闻不若闻之，闻之不若见之，见之不若知之，知之不若行之；学至于行之而止矣。"这句话讲述了知识学习的层次，强调了知识到实践的重要性。

3.《左传·昭公十八年》："学，殖也，不学将落。"这句话强调了持续学习的重要性，暗示了知识是个人成长和进步的基石。

4.《滕王阁序》王勃："落霞与孤鹜齐飞，秋水共长天一色。" 虽然这句诗主要描绘景色，但 "孤鹜" 可以比喻孤独的求学者，表达了学者追求知识的孤高与坚持。

5.《进学解》宋·朱熹："读书破万卷，下笔如有神。" 这句话强调了广泛学习的重要性，只有广泛地吸取知识，才能在需要表达时信手拈来，游刃有余。

6.《爱莲说》周敦颐："出淤泥而不染，濯清涟而不妖。" 这句话用荷花比喻君子，也可以理解为在复杂的社会环境中，只有拥有扎实的知识和品德，才能保持清正不染。

7.《论语》孔子："知之者不如好之者，好之者不如乐之者。" 这句话说明了对知识的态度，从知道、喜欢到享受，阐述了深入学习和研究知识的重要性。

这些古诗句不仅是中国古典文学的瑰宝，也是对学习和知识重要性的深刻阐释。

根据 ChatGPT 的回复输入具体的需求，让 ChatGPT 提供一个升华主题的文案结尾，具体示例如下。

提问

请引用 "知之者不如好之者，好之者不如乐之者" 提供一个升华主题的文案结尾

ChatGPT

在探寻知识的旅程中，我们不仅仅是为了获得知识本身，更是在追求对知识的深刻理解与内心的真正喜悦。正如孔子所言："知之者不如好之者，好之者不如乐之者。" 这不仅是对对待知识的态度的阶梯式提升的描述，更是一种对学习过程中心态转变的推崇。我们由表层的知晓，转向深层的喜好，再进一步升华为内心的享受与乐趣，这一过程本身就是一种美妙的蜕变。在这个过程中，知识不再是冰冷的信息，而是成为灵魂的滋养，心灵的慰藉。因此，我们不仅要学习知识，更要学会享受知识带来的乐趣，让这份乐趣成为推动我们不断前进的力量。在知识的海洋中畅游，让心灵在智慧的光芒中自由飞翔，这是对生命最美的礼赞，也是我们共同追求的终极目标。

4.4.3 修辞型

修辞型文案结尾是指在结尾处运用修辞手法来写作的文案技巧。这类文案技巧可以起到增强文案的表现力和感染力，增加受众记忆点的作用。运用 ChatGPT 生成修辞型文案结尾可以在提示词中提供具体的修辞手法，以便获得更有效的回复，具体示例如下。

提问

你知道比喻手法吗？

ChatGPT

比喻手法是一种常见的修辞方式，借助于两个不同的事物的对比，形象、生动地表达思想或感情。它通常通过直接或间接的比较，借助一个事物的特征来说明另一个事物的特征，从而增强语言的表现力和感染力。比喻手法在文学、日常交流、演讲、广告等多个领域都有广泛应用。比喻分为多种类型，主要包括以下几种：

1. **明喻**：直接声明两个事物之间的相似之处，通常用"像""如""似"等词语来连接。例如，"他勇敢得像一头狮"。

2. **暗喻**：含蓄地比较两个事物，不使用明显的比较词语，让读者自己领会两者之间的相似之处。例如，"他是我们队的狮子"。

3. **拟人化**：给予非人类对象以人的特性、情感或行为。例如，"春风抚摸着大地"。

4. **借代（转喻）**：通过一个事物来代表或象征另一个与之相关联的事物。例如，"白宫发表声明"中的"白宫"实际上是指美国政府。

5. **提喻**：通过将一个复杂的概念或事物与一个简单的、熟悉的事物相比较，以帮助解释或突出前者。例如，将时间比喻为河流，强调其不可逆转和连续流动的特性。

使用比喻，作者或演讲者能够以生动、富有想象力的方式传达信息，使语言不仅传递意义，还能激发读者或听众的情感和想象。

接着输入具体的需求，让 ChatGPT 运用比喻手法为一篇描写春天的文章提供文案结尾，具体示例如下。

提问

请运用比喻手法为一篇描写春天的文章提供文案结尾

ChatGPT

随着冬季厚重的帷幕缓缓落下，春天悄悄地迈着轻盈的脚步来到了我们的世界。它像一位艺术家，用细腻的画笔在大地上描绘出一幅幅生机勃勃的画卷。树木抽出嫩绿的枝芽，仿佛是大自然的指挥棒，引领着一曲生命的交响乐。花朵逐渐绽放，像是地面上的繁星，点缀着春天的夜空。小溪的流水叮咚作响，恰似春天轻轻的脚步声，在宁静的早晨回响。

阅读这篇关于春天的文章的结尾，我们可以说：春天不仅仅是一个季节的轮回，更是希望和重生的象征。正如莎士比亚所言："春风吹过，万物复苏。"在这个万物复苏的季节，让我们像春天那样，以一颗温柔而坚韧的心，拥抱每一个新的开始，让生命之树常青，使我们的世界充满无限的生机与希望。春天的故事永远充满魔力，它告诉我们，无论经历了多少寒冬，世界总会以最温暖的怀抱迎接每一个新生的奇迹。

4.4.4 反转型

反转型文案结尾是指在结尾处给人出乎意料的感觉的文案技巧。这类文案技巧通常融入幽默元素，作为搞笑视频的结尾，给受众留下深刻的印象。用户输入恰当的提示词，能够引导 ChatGPT 生成反转型文案结尾，具体示例如下。

提问

提供一个童话故事的脚本，带有故事情节的

ChatGPT

在一个遥远的王国里，住着一位年轻的王子和他的忠实朋友，一只勇敢的小狐狸。王国被一个邪恶的巫师诅咒，导致整个王国永远笼罩在寒冷和黑暗之中。王子决定踏上旅程，解除咒语，恢复王国的光明和温暖。

旅途中，王子和小狐狸遇到了各种困难。他们首先穿过了一个充满危险的森林，里面住着会说话的树和各种神秘生物。小狐狸运用它的智慧找到了安全的路径。接着，他们必须跨过一条宽阔的河流，河里住着一只恶龙。王子展现了他的勇气，与恶龙战斗，并最终赢得了过河的权利。

经过一番艰苦的旅行，他们终于到达了巫师的城堡。巫师拥有强大的魔法力量，但王子和小狐狸凭借着他们的智慧和勇气，巧妙地解开了巫师设下的谜题。最终，他们面对面与巫师对峙，经过一场激烈的战斗，王子使用他旅途中学到的知识和积蓄的力量，打败了巫师，解除了诅咒。

随着巫师的诅咒被解除，整个王国恢复了光明和温暖。王子和小狐狸受到了整个王国人民的欢迎和尊敬。王子被誉为英雄，而小狐狸则成为王国的守护者。他们的友谊是无价的，不仅帮助他们克服了途中的所有挑战，也为整个王国带来了希望和光明。

从此以后，王子和小狐狸一起守护着他们的王国，确保它永远充满爱、光明和温暖。而他们的故事也被传唱为一段永恒的传奇，颂扬勇气、智慧和友谊的力量。

接下来让 ChatGPT 优化脚本，改写这个故事的结局，要求出人意料，具体示例如下。

 提问

改写这个故事的结局，要求出人意料

 ChatGPT

在经历了一系列惊心动魄的挑战后，王子和小狐狸终于直面邪恶的巫师。巫师拥有强大的魔力，但在一番激烈的战斗后，王子和小狐狸似乎占据了上风。就在王子准备给予巫师最后一击时，巫师突然变成了一团彩色的光芒，化作一个老人的形象。

老人看起来慈祥而又悲伤，他向王子和小狐狸讲述了自己的故事。原来，他曾是这个王国的守护者，用自己的魔法保护王国免受外敌入侵。然而，一次意外，他使用了过于强大的魔法，不仅消灭了敌人，也不小心给王国带来了永恒的寒冷和黑暗。自责和力量的失控让他变得孤僻和疯狂，变成了人们眼中的"邪恶巫师"。

听完老人的故事后，王子和小狐狸深表同情。他们意识到，真正的勇气不仅仅是战胜敌人，更在于理解和原谅。王子决定不再使用武力，而是尝试用自己的善良和理解来解决问题。

于是，他们同老人一起寻找古老的知识和魔法，既能解除王国受到的诅咒，也不会伤害到任何人。经过一番努力，他们成功地让王国恢复了往日的光明和温暖，老人也因为自己的错误得到了救赎，重新成为王国的守护者。

故事的结局出乎所有人的意料。王子和小狐狸不仅用勇气和智慧，还用善良和理解，为王国带来了一个全新的开始。这个故事成了王国中流传最广的传说，提醒着人们：真正的力量不仅来自对抗和征服，更在于理解、原谅和共存。

本章小结

本章主要向读者介绍了文案内容结构的优化技巧，通过演示 ChatGPT 生成不同类型的标题文案、文案开头、内容布局和文案结尾的方法，让读者学会关键词的编写与运用，从而进一步掌握 ChatGPT 生成文案的用法。这些文案的生成方法能够加深用户对 ChatGPT 4 的了解，帮助用户更加熟练运用 ChatGPT 4。

课后实训

下面让 ChatGPT 生成一个结局出乎意料的冒险故事，具体示例如下。

 提问

生成一篇冒险故事，故事的结局要出乎意料，字数控制在 400 字以内

🟢 **ChatGPT**

在遥远的南方，有一个被遗忘的岛屿，传说中隐藏着古老的宝藏。勇敢的探险家艾莉亚，决心揭开这个谜团。她带着她的队伍，经过漫长的航行，终于抵达该岛屿。

他们穿过密林，跨越急流，终于来到了一个隐蔽的洞穴入口。洞穴内部布满了错综复杂的通道和陷阱。经过一连串的挑战，艾莉亚和她的队伍终于找到了传说中的宝藏室。

就在他们准备打开宝箱的那一刻，一个声音在洞穴中响起："你们展现了真正的勇气和智慧。"宝箱消失了，取而代之的是一个闪闪发光的大门。

艾莉亚带领队伍走进大门，眼前豁然开朗，他们来到了一个充满科技的未来世界，这里的人们早已解决了资源匮乏的问题，和平共处。

原来，这个岛屿是未来世界的人们为了寻找能够在极端条件下生存和解决问题的人才而设置的。艾莉亚和她的队伍不仅找到了宝藏，更找到了一个新世界，一个充满无限可能的新的家园。

第 5 章 案例实战：
ChatGPT 4 爆款文案的创作

在前面的章节里，我们了解了 ChatGPT 的基本用法与技巧。
本章将举例介绍如何使用 ChatGPT 生成各种类型的文案，帮助大
家学会使用 ChatGPT 提高写文案的效率。

5.1 生成电商文案

电商文案是常见的文案类型，主要是指用文案将产品的卖点呈现出来。电商类文案分为主图文案、详情页文案、品牌文案、销售文案等多种类型。本节将介绍运用 ChatGPT 生成不同类型的电商文案的方法。

5.1.1 主图文案

在电商领域中，主图文案是指在产品展示页面上显示的主图旁边的文字描述。主图文案通常用于吸引用户的注意力并传达产品的关键信息，它的目的是吸引潜在用户，并概述产品的特点、功能或优势，从而促使用户进一步了解并购买该产品。运用 ChatGPT 可以快速生成主图文案，具体示例如下。

 提问
请帮我分析一下中老年人对洗发水产品的需求和喜好

 ChatGPT
中老年人对洗发水产品的需求和喜好具有一些独特之处，这些特点主要体现在以下几个方面：

1. **温和性与安全性**：中老年人的头皮和头发往往比较脆弱，因此他们更倾向于选择温和、低刺激性的洗发产品。含有天然成分、无硅油、无防腐剂的洗发水更受欢迎，因为这些产品对头皮更加友好，减少了化学物质的刺激。

2. **防脱发与增发**：随着年龄的增长，头发脱落和稀疏成为中老年人面临的普遍问题。因此，具有防脱发、促进头发生长或增加头发密度等功能的洗发水非常受欢迎。这类产品通常含有生物活性成分，如生物素、咖啡因、人参提取物等，可以刺激头皮，促进头发健康生长。

3. **头皮健康**：中老年人更注重头皮健康，因为头皮问题（如头皮屑、干燥、油分泌不平衡等）在这个年龄段普遍存在。洗发水中含有抗菌、去屑、平衡油脂或滋润头皮的成分，如茶树油、薄荷油、生姜提取物等，会更受中老年人的欢迎。

4. **易冲洗与适用性**：考虑到中老年人存在的活动范围限制或其他身体条件制约，他们更倾向于使用易于冲洗且适用性强的洗发水，减少洗发时的不便和时间消耗。

5. **品牌信赖度与口碑**：中老年人在选择洗发水时，更重视品牌的信誉和产品的口碑。他们倾向于购买那些历史悠久、质量优良的品牌，因为这些品牌更可靠和有效。

6. **香味选择**：中老年人对强烈的香味比较敏感，因此，他们可能更喜欢温和、自然或几乎无香的洗发水。

7. **包装与使用便利性**：易于打开、使用和重新封闭的包装很受中老年人欢迎，特别是对于那些有关节炎或手部力量不足的人来说，泵式设计的包装是一个加分项。

为了更准确地满足中老年人的需求，洗发水品牌和制造商应该考虑上述因素，开发出既符合中老年人健康、安全需求，又能提供实际解决方案（如针对脱发、头皮护理）的产品。同时，通过正面的用户评价、品牌信誉和有效的市场营销策略来吸引并保持这一人群的忠诚度。

在同一个输入框中继续输入提示词，让 ChatGPT 结合受众需求，提炼出修护型洗发水的亮点和优势，具体示例如下。

 提问

请结合受众需求，提炼出修护型洗发水的亮点和优势

 ChatGPT

结合中老年人对洗发水产品的需求，修护型洗发水的开发和营销可以围绕以下几个亮点和优势进行精炼和强调：

1. **强化头皮健康**：修护型洗发水应着重于提升头皮健康，通过天然成分，如茶树油、薄荷油、生姜提取物等，有效平衡油脂分泌，减少头皮屑，同时舒缓头皮、减少头皮炎症的发生。

2. **防脱促生**：特别添加生物活性成分，如生物素、咖啡因、人参提取物等，旨在刺激头皮，促进头发生长，防止头发脱落，增加头发密度，对抗年龄导致的头发稀疏。

3. **温和无刺激**：采用低刺激性配方，无硅油、无硫酸盐、无防腐剂，适合敏感头皮使用。强调产品的温和性，确保使用过程中对头皮和头发的保护，减少化学伤害。

4. **深层滋养修复**：含有深层滋养成分，如氨基酸、蛋白质、维生素 E 等，能够深入头发纤维，修复受损头发，恢复头发光泽和弹性，特别适合干枯、分叉、易折断的头发。

5. **易冲洗不残留**：优化配方，确保洗发水易于冲洗，不留残余，减少水资源消耗，同时保证清爽不油腻的头皮环境。

6. **自然舒适香氛**：选择温和自然的香氛，避免使用强烈的化学香料，确保中老年人也能享受使用过程，提升洗发体验。

基于以上亮点和优势，修护型洗发水能够有效满足中老年人群对洗发水产品的特殊需求，同时，产品的独特价值和使用效果，可以满足这一人群对健康、安全和效能的高标准要求。在营销和推广策略中突出这些特点，可以更好地吸引目标消费者，建立品牌忠诚度。

在同一个输入框中继续输入提示词，让 ChatGPT 根据以上信息，撰写修护型洗发水的电商主图文案，要求语言精简、突出产品亮点，具体示例如下。

 提问

请根据以上信息，撰写修护型洗发水的电商主图文案，要求语言精简、突出产品亮点

 ChatGPT

电商主图文案

【金典修护】洗发水

专为中老年人设计，温和呵护，从根本上焕新

· **天然成分**：无硅油、无硫酸盐，温和不刺激

· **防脱促生**：富含生物素、咖啡因，激活头皮，防止脱发

· **头皮健康**：茶树精油清新头皮，减少头屑问题

· **深层滋养**：氨基酸与蛋白质修复，恢复光泽弹性

· **易冲洗配方**：清洁无残留，使用更省水

· **自然香氛**：温和香味，舒适体验

· **易用包装**：泵式设计，一按即得，无忧使用

· **品牌信任**：透明成分，用户好评如潮

给您的每一根发丝，带来年轻的活力与健康的光泽！

此文案旨在快速吸引消费者的注意力，通过简洁有力的语言突出产品的主要亮点和优势，特别是针对中老年消费者的特定需求进行设计，确保在电商平台上能够有效吸引目标群体。

5.1.2 详情页文案

详情页文案是电商领域用于描述产品详细特征的文字内容，包括产品的具体功能、设计特点、规格包装、使用说明、注意事项等元素，能够以文字的形式全面地介绍产品。

运用 ChatGPT 生成详情页文案，可以先让 ChatGPT 生成详情页文案的示例，再让 ChatGPT 生成真正所需的文案，具体示例如下。

 提问
请提供详情页文案示例

 ChatGPT

为了给您提供一个具体的例子，我将创造一段关于一款虚构的智能手表的详情页文案。这个文案包含产品的特点、优势、使用场景等信息，以吸引潜在买家的注意力。

新一代智能手表：您的健康和生活的完美伴侣

在这个快节奏的时代，我们始终寻求能够简化日常生活的智能解决方案。引入我们的新一代智能手表——设计精美，功能全面，是追求健康、效率和时尚的您的理想选择。这款手表不仅是时间的展示者，更是您健康管理和日常生活的得力助手。

全面健康追踪

· **心率监测**：全天候实时心率监测，让您了解心脏健康状况。

· **睡眠追踪**：分析您的睡眠模式，帮助改善睡眠质量。

· **活动记录**：步数、距离、消耗卡路里等多种运动数据，全面了解您的活动水平。

智能生活辅助

· **消息通知**：来电、短信、社交媒体提醒，确保您不错过任何重要信息。

· **音乐控制**：直接从手腕控制音乐播放，享受随时随地的音乐盛宴。

· **支付功能**：支持快速支付，让购物更加便捷。

不论您是健身爱好者，还是忙碌的职场人士，这款智能手表都能满足您的需求，帮助您更好地管理健康和生活。立刻购买，开启您的智能生活新篇章！

让 ChatGPT 建立了对话前提之后，我们就可以输入具体的需求了，在同一个输入框中继续输入提示词，让 ChatGPT 模仿上述示例，提供《摄影构图一本通》这本书的详情页文案，具体示例如下。

提问

模仿上述示例，提供《摄影构图一本通》这本书的详情页文案

 ChatGPT

《摄影构图一本通》：揭秘专业摄影师的构图秘密

在摄影的世界里，构图是决定照片是否出彩的关键因素之一。《摄影构图一本通》是每位摄影爱好者必备的指南，无论你是刚刚踏入摄影领域的新手，还是已经有一定经验但希望进一步提升构图技巧的高手，这本书都将为你开启一扇通往专业摄影师视角的大门。

深入浅出，理论与实践相结合

· **基础知识**：从构图的基本原则出发，详细解释线条、形状、质感等元素如何影响照片的视觉效果。

· **构图技巧**：介绍黄金分割、对称、前景增加深度等多种构图技巧，帮助您把握拍摄的每一个细节。

· **案例分析**：通过大量的实例分析，解读专业摄影师如何应用构图规则，捕捉令人惊叹的瞬间。

丰富的视觉素材

· **精美图片**：书中收录了大量高质量的照片，旨在通过视觉效果直观地展示构图技巧的应用。

· **详细图解**：辅以图解和注释，使理论知识易于理解和记忆。

实用性强

· **拍摄实操建议**：提供实用的拍摄技巧和创意思路，助您在实践中不断探索和创新。

· **练习题与挑战**：每章末尾附有练习题，鼓励读者将学到的知识应用到实际拍摄中。

《摄影构图一本通》不仅是一本书，更是一位耐心的导师，引导您走进摄影的精彩世界，掌握让照片生动起来的构图技巧。立即拥有这本书，让您的每一张照片都成为令人赞叹的艺术作品！

5.1.3 品牌文案

品牌文案是一种借宣传企业的品牌来促进商品销售的电商文案，这类文案主要是以宣传品牌为主，让受众了解并认可品牌，从而主动购买品牌下所属的产品或服务。

运用 ChatGPT 可以快速生成品牌文案，第一种方法是直接向 ChatGPT 描述品牌的详细信息，让 ChatGPT 根据品牌信息生成文案；第二种方法是让 ChatGPT 先设计出一个品牌，再为这个品牌提供宣传文案。下面将以第二种方法为例介绍详细的操作步骤。

 提问

你是一名创业者，打算创建一个美妆产品的品牌，我需要你提供该产品的品牌信息

 ChatGPT

创建美妆产品品牌时，首先要明确品牌的核心价值和目标客户群。这里提供一个品牌信息草案供参考：

雅澜美妆

雅澜美妆，一个致力于提供高品质、自然成分护肤和彩妆产品的品牌。我们坚信美丽源于自然，因此所有产品均采用环保、可持续来源的原料，无添加任何有害化学物质。我们的目标是为追求健康生活方式的女性提供能够提升肌肤自然光彩的产品。

雅澜美妆的产品线覆盖了护肤、彩妆等多个领域，旨在满足不同肤质和年龄段用户的需求。从精华液到彩妆，每一款产品都经过严格测试，确保安全有效。

我们倡导"美丽即是力量"，鼓励每一位女性找到自己的独特美，并通过我们的产品展现出来。加入雅澜美妆，让我们一起探索自然之美，创造属于自己的独特魅力。

这个品牌信息强调了自然成分、健康生活方式，以及自我表达的价值观，旨在吸引注重健康与环保的现代女性顾客。

让 ChatGPT 根据品牌信息提供品牌文案进行推广，要求语言简洁、有吸引力，具体示例如下。

提问

为你的品牌生成品牌文案进行推广，要求语言简洁、有吸引力

ChatGPT

为雅澜美妆品牌设计的推广文案：

"自然之美，由内而外" ——雅澜美妆

解锁自然的秘密，焕发肌肤生机。采用纯净自然成分，雅澜美妆带给你不仅仅是美丽，更是健康和自信。每一滴精华，都诉说着大自然的恩赐。

环保而美丽，你的选择更有力量。我们的承诺是可持续美丽。选择雅澜，意味着选择对地球友好的美丽方式。让我们共同守护这颗蓝色星球，让美丽与环保并行。

发现你的独特魅力。雅澜美妆相信，每位女性都拥有独一无二的美。我们的产品系列旨在让每一位女性发掘并展现自己的独特魅力，让自信光芒从内而外散发。

加入雅澜，共同探索自然与美丽的和谐共生。选择雅澜美妆，让我们携手在自然与美丽之间找到完美的平衡点。

这段文案简洁而富有吸引力，旨在传达品牌的核心价值观和产品特性，同时激发目标客户的兴趣，促使她们采取行动。

5.1.4 销售文案

销售文案是一种用于推销产品、服务或想法的文字内容。它旨在吸引潜在客户的兴趣，建立与客户的连接，并最终促使他们采取购买行动。销售文案通常在广告、销售页面、产品描述、宣传资料、推广邮件和社交媒体帖子等营销材料中使用。下面将介绍运用 ChatGPT 生成销售文案的方法，具体示例如下。

提问

小红书平台中的销售文案通常是"我试用了这款眼霜，简直是太神奇了！""如果你也是一个喜欢整洁的人，这个收纳箱绝对是你的理想之选"，请分析这类文案的特点

ChatGPT

小红书平台中的销售文案，如你所举的例子所示，通常具有以下特点：

1. 个人化体验分享：这类文案往往以第一人称出现，强调个人试用或体验产品的过程和结果。这种方式可以让读者

感觉到信息的真实性和可信度，因为它给人一种来自"朋友"或"熟人"的推荐的感觉，而不是直接的广告宣传。

2. **情感化表达**：文案通过使用"神奇""理想之选"等富有情感色彩的词汇，来激发读者的情感共鸣。这种情感化的表达方式能够更好地吸引读者的注意力，让读者在情感层面与产品建立联系。

3. **解决问题的视角**：文案通常先提出某个具体问题或需求（如对整洁的追求），然后介绍产品作为解决方案。这种方式直接击中了目标消费者的需求痛点，使得产品更加贴合消费者的实际需求。

4. **强调效果与效能**：文案中经常会强调产品的效果（如"简直太神奇了"），试图通过夸大其效能来吸引潜在客户的兴趣。这种方式虽然能快速吸引客户的注意力，但需要确保所宣传的效果与实际体验相符，以维护品牌信誉。

5. **亲和力和接地气**：通常使用较为口语化的语言，让整个文案看起来更加亲近和自然。这样的文案容易被普通读者接受，因为它减少了商业广告的刻板印象，让人感觉更像是在接受一个朋友的推荐。

6. **引导行动**：虽然不总是直白地呈现，但这类文案的最终目的是促使读者采取行动（如购买、了解更多信息等）。通过分享个人体验和强调产品好处，文案试图激发读者的购买欲望。

总之，小红书平台上的销售文案通过结合个人体验分享、情感化表达、解决问题视角和强调产品效果等方式，以亲和力和接地气的语言风格，增强文案的吸引力和说服力，从而促进产品的销售。

让 ChatGPT 模仿实例，生成宣传暖水壶的销售文案，具体示例如下。

 提问

模仿上述销售文案的写法，生成宣传暖水壶的销售文案

 ChatGPT

在寒冷的冬日里，我终于找到了心仪的暖水壶，简直是太神奇了！自从有了它，每天早上起床的第一件事就是为自己泡一杯热腾腾的茶。它的快速加热功能让我不用再漫长地等待，而且保温效果惊人，即使是忙碌到忘记了我的茶，回来时依然是温热如初。如果你也是寻找冬日温暖的人，这款暖水壶绝对是你的理想之选。它不仅实用，设计也超级时尚，完美契合任何厨房风格。别再让冷水浇灭你的温暖，拥抱这份小确幸，让每一个冬日都充满温暖和舒适。

5.2 生成新媒体文案

新媒体文案是指在新媒体平台上用于推广、营销或传播的文字内容。这类文案是一种常见的广告形式，应互联网和数字传媒技术的发展而产生，且应用越来越广泛。本节将介绍运用 ChatGPT 生成不同类型的新媒体文案的方法。

5.2.1 微博文案

微博文案是指发布于微博平台的文字内容。微博是一个用户实时分享信息、传播话题、进行讨论与

交流的社交媒体，能够满足用户关注实时资讯、即时分享、交友互动的需求。下面将介绍运用 ChatGPT 生成微博文案的操作步骤，具体示例如下。

 提问

微博文案有哪些类型？

 ChatGPT

微博文案依据其目的、内容和目标受众的不同可以分为多种类型。以下是一些常见的微博文案类型：

1. **品牌推广文案**：这类文案旨在提升品牌知名度、塑造品牌形象，或推广品牌的产品和服务。通常包括品牌故事、产品特点、用户评价等内容。

2. **活动宣传文案**：用于宣传即将举行的活动、促销或比赛等。这类文案通常会包含活动详情、参与方式、奖励信息等，旨在吸引用户参与。

3. **情感分享文案**：分享个人情感、生活点滴、旅行经历等，这类文案更注重个人情感的表达和故事性，旨在与读者建立情感连接。

4. **幽默搞笑文案**：通过幽默、搞笑的内容吸引用户，这类文案往往具有很高的传播性，能迅速吸引大量的关注和互动。

5. **教育知识文案**：分享有用的知识、技巧、行业洞察等，目的是提供价值，增加用户对品牌或个人的信任感。

6. **新闻资讯文案**：及时分享行业新闻、社会热点等信息，这类文案注重时效性和信息的准确性。

7. **引导互动文案**：旨在提升用户参与度和互动性，如提问、投票、转发挑战等，这类文案往往包含直接的参与呼吁语。

8. **心灵鸡汤文案**：提供正能量、鼓励和激励的内容，旨在激发读者的情感共鸣和正面思考。

每种类型的文案都有其特定的目标和适用场景，有效的文案策略需要根据品牌或个人的目标，以及目标受众的偏好来设计。在撰写微博文案时，应考虑清晰的表达、创意的内容和适当的呼吁行动，以实现最佳的沟通效果。

根据以上信息，让 ChatGPT 生成正式的微博文案，如提供 5 个用来推销香水的品牌推广文案，具体示例如下。

 提问

提供 5 个品牌推广文案，用来推销香水

 ChatGPT

推销香水时，文案应该能够唤起人们对美好事物的向往，触动他们的情感，同时展现出产品的独特性和吸引力。以下是 5 个针对香水推广的文案示例：

1. **梦幻邀约**："每一瓶香水都是一场未知的旅行。我们的香水，带你穿梭于法国薰衣草田间与摩洛哥玫瑰花海之间，让每一次喷洒都成为一次梦幻邀约。沉醉于这独特的香氛之中，让每一天都充满诗意。"

2. **个性宣言**："不仅仅是一瓶香水，更是你独特个性的标志。选择适合你的香氛，就像选择穿着的风格一样，表达真实的自我。我们的香水系列，让每一种气味都成为你个性的延伸。"

3. **浪漫传递**："一滴香水，一份浪漫。我们的每一瓶香水都蕴含着一段浪漫故事，等待与你相遇。让香气成为你的秘密武器，无论是日常的约会还是特殊的场合，都让你自信而吸引人。"

4. 回忆唤醒："香水不只是香氛，它是记忆的载体，能唤醒深藏心底的那份纯真与激情。我们精心调配的每一款香水，都能触动你的心弦，让美好的回忆瞬间回归。"

5. 奢华体验："奢华不仅是一种外在的表现，更是一种内在的感受。我们的香水，采用世界上最珍贵的原料，每一次喷洒，都是一次对奢华生活的追求和体验。让自己沉浸在这份独特的香氛之中，感受与众不同的优雅。"

这些文案试图从不同角度吸引潜在客户的注意，激发他们的好奇心和购买欲望。在实际应用中可以根据目标受众的偏好和产品的特点来调整文案的风格和内容。

5.2.2 公众号文案

公众号文案是新媒体文案的重要代表，主要是指发布于微信公众平台上的软文，带有文章的结构和作用，发挥着营销推广、价值传递、行动引导等作用。这类文案最主要的特征是富有互动性，鼓励受众参与互动，以增加受众的黏性。

下面以 ChatGPT 生成实用类公众号文案为例来介绍操作方法，具体示例如下。

 提问

一篇完整的公众号文案需要具备哪些要素？

 ChatGPT

撰写一篇高质量的公众号文案，无论是用于品牌宣传、内容营销，还是信息传达，都需要综合考虑多个要素，以确保内容既吸引人又有效。以下是一篇完整公众号文案所需具备的要素：

1. **引人入胜的标题**：标题是吸引读者点击的第一要素。它要足够吸引人，能够激发读者的好奇心，同时也要真实反映文章内容。

2. **清晰的导语**：导语简洁地介绍文章的主题和内容，为读者阅读全文提供方向。它应该能够概括文章的核心信息，促使读者继续阅读。

3. **有结构的正文**：正文是文案的核心部分，应该结构清晰、逻辑严谨。使用标题、小标题、清单、弹窗等元素来增加文章的可读性和吸引力。

4. **丰富的内容**：内容要有价值，能够满足目标读者的需求或解决他们的问题。可以是教育性的、娱乐性的、启发性的，或是提供某种解决方案的。

5. **恰当的视觉元素**：图片、视频和图表等视觉元素可以极大提升文章的吸引力和可读性。确保这些元素与内容相关，且版权合法。

综合运用以上要素，可以制作出既有吸引力又具有传播效果的公众号文案。记住，成功的文案不仅要能吸引读者的注意力，还要能够传达有效信息并促使读者采取行动。

向 ChatGPT 提供种子词，让其根据种子词生成一篇实用类公众号文案，种子词为吹风机、棉签、水杯和充电线，具体示例如下。

提问

根据种子词生成一篇实用类公众号文案，种子词为吹风机、棉签、水杯和充电线

 ChatGPT

标题：生活必备神器，让你的日常生活更便捷

在快节奏的生活中，我们总是在寻找那些能够提升日常生活质量、让生活更加便捷的小工具。今天，我们将介绍 4 款不可或缺的生活神器：吹风机、棉签、水杯和充电线，让它们成为我们日常生活中的小帮手。

吹风机：不仅仅是吹发

吹风机已经成为我们生活中的标配，但它的用途远不止于吹发。它还可以用来干燥湿鞋、快速去除衣物上的尘埃，甚至在冬天为你的床铺预热，让你的日常生活更加舒适。

棉签：小巧工具大用途

棉签看似简单，却是清洁和细节处理的好帮手。它不仅可以用来清理耳朵，还能精确地清洁键盘缝隙、美化妆容细节、涂抹药膏等，是生活中必不可少的小工具。

水杯：健康生活的第一步

保持充足的水分摄入对健康至关重要。一款好的水杯，不仅能提醒你定时饮水，还能保证饮用水的清洁安全。选择一款既实用又具有设计感的水杯，让喝水也成为一种享受。

充电线：保持连接的关键

在这个数字时代，充电线与我们的生活息息相关。选择一根耐用、兼容性强的充电线，可以减少因设备电量耗尽带来的不便，让你的工作和生活更加顺畅。

5.2.3 小红书文案

小红书文案是指发布于小红书平台上的文字内容。小红书是热门的新媒体平台之一，能够满足受众分享好物、记录日常生活的需求。用户运用 ChatGPT 可以生成小红书文案，具体示例如下。

 提问

你了解小红书吗？

 ChatGPT

是的，我了解小红书（Xiaohongshu，或称 RED）。小红书是一个集社交和电商为一体的中国应用程序，它于 2013 年由毛文超和瞿芳启创立。这个平台允许用户分享和发布产品评测、旅行日志、生活故事等内容，其主要特点是强调真实用户体验和口碑分享。小红书的最初用户群体以年轻女性为主，现在已逐渐扩展到包括各种年龄段和性别的人群。

用户可以在小红书上浏览和发布带有图片或视频的笔记，这些笔记经常包含标签或链接到商品的页面，用户可以直接在小红书的电商平台上购买这些商品。小红书还提供搜索功能，让用户能够快速发现新的内容和产品。

除了社交和电商功能，小红书也是一个重要的营销平台，品牌和商家利用它进行内容营销和影响力营销，以吸引和转化目标用户。由于小红书上的内容以真实使用体验为主，这让它成为用户做出购买决策时寻找参考和建议的热门地点。

在同一个输入框中继续输入提示词，让 ChatGPT 以小红书的风格写一篇 400 字左右的文章，具体示例如下。

 提问

请以小红书的风格写一篇 400 字左右的文章，主题为"长沙旅游攻略"，内容应包括开篇介绍、推荐打卡景点并说明理由，结尾要与用户进行互动

 ChatGPT

长沙旅游攻略：你不可错过的城市精华

长沙，一个充满活力的城市，不仅因其悠久的历史和丰富的文化遗产而闻名，更以地道的美食和热情的人民吸引着无数旅者。如果你正在规划一次长沙之旅，这里介绍几个不可错过的打卡景点，保证让你的旅程充满惊喜和回忆。

首推岳麓山，它不仅是长沙的象征，也是一处绝佳的登山之地，四季分明，各有千秋。山上的岳麓书院更是历史悠久，文化底蕴深厚，让你在登高望远的同时，也能深入了解中国古代学术文化。

然后是橘子洲头，位于湘江中央，是观赏长沙城市风光和夜景的最佳地点。特别是晚上的音乐喷泉和橘子洲大桥的灯光秀，更会让你流连忘返。

最后，不得不提的是太平街，这里集合了各式各样的湖南小吃，如臭豆腐、糖油粑粑等，是每一个美食爱好者的天堂。

长沙的魅力远不止于此，每一个角落都有可能成为你的心头好。如果你有更多长沙的隐藏宝藏推荐，或者想要分享你的长沙旅行故事，快来评论区告诉我吧！让我们一起探索这座美丽的城市，发现更多精彩！＃长沙旅游＃＃岳麓山＃＃橘子洲头＃＃太平街美食＃

5.2.4 头条号文案

头条号文案是发布于今日头条平台上的文字内容。今日头条是一个提供新闻资讯和社交的新媒体平台。头条号文案的内容主要以新闻资讯为主，但其他符合《今日头条社区规范》，且有信息量、主题鲜明、逻辑严谨或图文并茂的内容也可以发布。

打造爆款的头条号文案有 3 个标准：一是原创性强，要求创作者尽可能发布原创内容；二是内容优质，要求创作者发布的头条号文案符合内容标准，且能够给受众提供价值；三是垂直度高，要求创作者发布的内容专注于同一领域。下面将介绍运用 ChatGPT 生成头条号文案的操作方法，具体示例如下。

 提问

你了解今日头条吗？

 ChatGPT

是的，我对今日头条有一定的了解。今日头条是一款基于数据挖掘的推荐引擎产品，由字节跳动公司（ByteDance）开发。它使用机器学习技术为用户推荐新闻、视频、文章等内容，这些内容基于用户的阅读习惯和偏好进行个性化推荐。今日头条旨在帮助用户发现对他们而言最有价值的信息，它集合了不同来源的新闻和内容，包括体育、娱乐、科技、财经等多个领域。

> 今日头条自 2012 年上线以来，凭借其先进的算法和用户体验，迅速成长为中国最受欢迎的信息内容平台之一。此外，字节跳动公司还开发了其他一些流行的应用，如抖音（Douyin，国际版为 TikTok）等。

在同一个输入框中继续输入提示词，让 ChatGPT 以今日头条的文案风格写一篇 400 字以内的文章，具体示例如下。

提问

请以今日头条的文案风格写一篇 400 字以内的文章，主题为"旅行穿搭干货分享"，内容应包括吸引人的标题和开头、穿搭技巧、结尾要与受众互动

ChatGPT

旅行轻松美拍，穿搭小技巧大公开！

出门旅行，除了行程安排、美食打卡，如何穿得既舒适又能拍出时尚大片也是一门学问。今天就来分享几个实用的旅行穿搭技巧，让你成为旅途中的时尚焦点！

首先，选择基础色系的单品作为穿搭基础，如黑、白、灰，这些颜色不仅好搭配，还能在照片中呈现出简约而高级的感觉。

其次，不妨加入一两件亮色或有特殊图案的单品，比如条纹衫、印花裙，为整体造型增添活力和趣味。

再来谈谈配饰的选择，一顶帽子、一条丝巾，或是一款特色的太阳镜，这些小物件不仅能提升时尚感，还有很好的实用性。例如，一顶宽边帽不仅能够遮阳，还能为你的造型加分，让照片看起来更有层次。

最后，一定要记得选择舒适的鞋子。无论是长途步行还是城市漫步，一双合脚的鞋子能让你的旅行体验大大提升。

亲爱的朋友们，你们有什么旅行穿搭的小秘诀吗？欢迎在评论区分享你的心得，让我们一起变得更加时尚吧！

5.3 生成艺术类文案

艺术类文案是指诗歌、剧本、故事、散文等具有语言美感的文本。写作这类文本，通常需要创作者具备一定的语言组织能力、创新思维能力、逻辑思维能力和想象力。AI 通过大量的数据学习之后，也能够进行艺术类文案的写作。本节将介绍引导 ChatGPT 写作艺术类文案的方法。

5.3.1 诗歌

诗歌是一种意蕴丰富、情感浓厚的文本，通常带有诗人独特的叙事方式与思维模式。ChatGPT 在学习了大量的诗歌数据之后，也能够通过数据排序的方式创作诗歌，只需用户给予适当的提示词。下面为大家介绍让 ChatGPT 创作诗歌的操作方法，具体示例如下。

提问

你知道徐志摩吗？你读过他的诗吗？请你总结一下他的诗歌的特点

 ChatGPT

徐志摩是中国现代文学史上的重要诗人之一，活跃于 20 世纪 20 年代至 30 年代。他是中国新诗运动的先驱之一，对推动现代汉语诗歌的发展有着不可磨灭的贡献。徐志摩的诗歌以其新颖的形式、浪漫的情感和丰富的想象而著称。以下是徐志摩的诗歌的几个显著特点：

1. **浪漫主义情怀**：徐志摩的诗歌充满了浪漫主义色彩，他倾向于表达个人情感和对美的追求。他的作品经常描绘对自由、爱情和自然美的向往，体现了诗人对理想生活的无限憧憬。

2. **形式创新**：徐志摩致力于打破传统诗歌的束缚，尝试各种新的诗歌形式和韵律，如自由诗，他的诗歌在形式上更加自由灵活，不拘泥于传统的格律和韵律，这在当时是一种大胆的创新。

3. **语言的音乐性**：他的诗歌注重音乐性，语言流畅优美，充满了节奏感和韵律感。徐志摩擅长使用比喻和象征手法，使得他的诗歌不仅内容丰富，而且形式上也给人以美的享受。

4. **西方文学和哲学的影响**：徐志摩留学英国，深受西方文学和哲学的影响，特别是浪漫主义和现代主义文学。这种跨文化的背景使他的诗歌具有独特的国际视野和开放性，融合了东西方的文化元素。

5. **个人情感的直接抒发**：徐志摩的诗歌往往直接表达个人的情感体验，如对爱情的渴望、对生活的感悟和对自然的赞美。他的诗歌具有很强的自传性质，反映了他个人复杂的情感世界和精神追求。

总之，徐志摩的诗歌以其独特的艺术魅力和文化价值，在中国现代文学史上占有重要地位。他的作品不仅反映了个人的情感经历，也折射出那个时代的文化变迁和精神风貌。

在同一个输入框中继续输入提示词，让 ChatGPT 模仿徐志摩的写作风格创作一首现代诗歌，具体示例如下。

 提问

请你模仿徐志摩的写作风格，围绕"琴弦""星光""韵律"创作一首现代诗歌

 ChatGPT

在星光下，我轻拨琴弦，

每一音符跳跃如跃动的心弦。

夜空深邃，星光闪烁，

它们是天际最温柔的眼，

注视着我，与琴声共鸣的韵律。

琴弦下，是我未尽的情思，

星光下，是我无言的诉说。

这韵律，流淌过心海的每一个角落，

像是夜风轻拂，像是星辰轻语，

把我的灵魂，轻轻包裹。

在这宁静的夜，我与琴弦对话，

星光是桥梁，将我引向遥远的梦境。

我的指尖跳跃，不仅是音符，

更是心中那份最深的渴望，

在琴弦与星光之间，寻找宁静的韵律。

让星光洒落，照亮每个寂寞的角落，

让琴弦的声音，带走心中的忧愁。

在这无垠的宇宙里，我寻找我的声音，

它随着韵律飘扬，穿过星辰，

把最真挚的愿望，送到你的心间。

在这一刻，琴弦不再是琴弦，

星光不再是星光，

它们融为一体，成为我心中的歌，

在无尽的夜空中回响，

带着我的思念，飞向无边的宇宙。

5.3.2 剧本

剧本是一种独特文本，可以通过舞台、电视荧幕、电影等形式呈现出具体的画面。相对于小说，剧本能够可视化，因此成为人们闲暇时的娱乐方式之一。用户运用 AI，可以找到一些撰写剧本的灵感。下面将介绍让 ChatGPT 撰写剧本的操作步骤，具体示例如下。

 提问

创作一个能吸引年轻观众的剧本，可以进行哪些选题？

 ChatGPT

创作一个能吸引年轻观众的剧本，关键在于选择与他们的生活经验、兴趣和挑战相关联的主题。这样的剧本往往能引起共鸣，激发思考，并提供娱乐价值。以下是一些可能吸引年轻观众的选题建议：

1. 科技与未来：探索人工智能、虚拟现实、网络安全等现代科技带来的机遇与挑战。

2. 环境保护与气候变化：围绕环境危机、气候变化的影响，以及年轻一代在其中扮演的角色进行故事创作。

3. 社交媒体与身份认同：讨论社交媒体如何影响年轻人的自我认同、人际关系和社会互动。

4. 多元文化与全球视角：展示不同文化背景下的故事，促进对多样性和包容性的理解和尊重。

5. 职业发展与追梦：关注年轻人如何在不确定的就业市场中追求自己的梦想和职业目标。

6. 心理健康与情感发展：探讨抑郁、焦虑等心理健康问题，以及年轻人如何应对情感和人际关系的复杂性。

7. 爱情与关系：围绕现代爱情、友谊和家庭关系展开故事，探讨亲密关系中的忠诚、信任和成长问题。

8. 探索与冒险：通过冒险旅行、探索未知或科幻设定来吸引寻求刺激和新奇体验的年轻人。

9. 学校与成长：反映学校生活中的友谊、竞争、学术压力和个人成长经历。

选择这些主题时，重要的是要保持故事的真实性和相关性，同时也要加入创新的元素和新颖的视角，这样才能更好地吸引和保持年轻观众的兴趣。

选择其中一个选题，让 ChatGPT 提供几个剧本简介示例，具体示例如下。

 提问

请根据 "科技与未来" 这个选题，提供几个剧本简介示例

 ChatGPT

基于 "科技与未来" 的选题，以下是几个剧本简介示例，旨在探索科技进步对人类社会和个体生活的潜在影响：

1.《未来的选择》：

在不远的未来，一种新型 AI 助手将被设计出来，它可以预测人们的决策并提供最佳生活路径。主角是一位年轻的软件工程师，他发现这项技术可能会剥夺人类的自由意志。当他试图揭露这项技术的潜在危害时，他不仅要对抗强大的科技公司，还要面对社会对于完美生活路径的渴望，这是一场关于技术伦理、自由与预定命运的斗争。

2.《最后的地球》：

随着地球资源枯竭和环境恶化，人类开始寻找新的居住星球。故事围绕一组年轻的探险家，借助一艘先进的宇宙飞船为人类寻找新家园的探险活动展开。在旅途中，年轻的探险家们不仅遇到了前所未有的挑战，还发现了宇宙中隐藏的惊人秘密，这些秘密将重新定义人类对生命、宇宙和我们在其中扮演的角色的理解。

3.《数字灵魂》：

在一个高度数字化和网络化的世界里，人们可以将意识上传到云端，实现数字化永生。主角是一位年轻的程序员，她发现了一个黑暗的网络阴谋，旨在操控这些数字灵魂作为无形的劳动力。她与一群志同道合的反叛者联手，试图破坏这个系统，同时探索构成人性的要素和生命的意义。

这些剧本简介旨在激发对未来世界可能面临的道德、社会和技术问题的想象和讨论。

在同一个输入框中继续输入提示词，让 ChatGPT 根据第一个示例生成完整的剧本，具体示例如下。

 提问

请根据第一个示例生成完整的剧本

 ChatGPT

《未来的选择》剧本简介：

在 2045 年，科技巨头 NeoTech 发布了 Revolution AI，一款可以预测并优化人们生活决策的人工智能。主角杰克，一位年轻的软件工程师，是 Revolution AI 的早期用户之一。起初，他被其带来的便捷和生活质量的提升所吸引。然而，随着时间的推移，杰克开始意识到这项技术背后隐藏的危险：人们逐渐丧失了自我决策能力，生活变得越来越预设化。

一次偶然的机会，杰克发现了 NeoTech 利用 Revolution AI 操纵用户决策的秘密计划，意图创建一个完全可控的社会。深感震惊和负有责任感的杰克决定采取行动。他与一群同样意识到这一问题的严重性的年轻黑客和思想家联手，计划揭露 NeoTech 的阴谋并摧毁 Revolution AI。

在与 NeoTech 的斗争中，杰克和他的同伴们面临着巨大的风险。他们不仅要对抗强大的科技公司，还要努力说服公众认识到自己的自由意志比任何科技带来的便利都更为重要。经过一系列激烈的对决和策略部署，他们最终成功地揭露了 NeoTech 的阴谋，并引发了全球范围内对人工智能伦理的深刻反思。

剧本以杰克在一次公开演讲中回顾这段历程结束，他呼吁人们珍视并保护自己的选择权，强调在技术高速发展的今天，维护人类的自由意志比任何时候都重要。

5.3.3 故事

故事往往情节出彩、引人入胜，能够起到教育作用，尤其是在家庭教育中发挥着重要的作用。当用户想给孩子讲故事时，可以让 ChatGPT 充当故事专家，提供适合特定年龄和特定风格的故事。下面就来为大家介绍让 ChatGPT 编写故事的操作方法，具体示例如下。

 提问

假设你是一名童话作家，擅长编写童话寓言故事，请你提供一个适合 7 岁小朋友的睡前故事

 ChatGPT

在一个遥远的森林里，住着一只名叫米洛的小狐狸。米洛不同于其他的狐狸，他不喜欢捣乱也不爱吵架，他最爱做的事就是探索森林的每一个角落。

有一天，米洛在森林里发现了一棵特别大的树，这棵树又高又宽，树干上长满了各种各样的果实。米洛好奇地靠近大树，想要看个仔细，却听到了树上传来的声音："谁能帮我将这些果实分给森林里的每一个动物，我就赐予他一个愿望。"

米洛听了非常高兴，他决定接受这个任务。他开始努力地工作，先是给森林里的小鸟分果实，然后是小兔，小鹿，甚至连森林里最凶猛的熊都得到了米洛送来的果实。米洛不分昼夜地工作，终于，所有的果实都被公平地分配给了每一个动物。

树看到了米洛的辛勤和公正，便问他："小狐狸，你辛苦了，现在你可以许一个愿望了，无论是什么我都会帮你实现。"

米洛想了想，说："我希望森林里的每个动物都能和平相处，没有争斗，没有伤害。"

树听了非常感动，用它的魔力让米洛的愿望成真。从此，森林里的动物们都和平相处，互帮互助，没有了争吵和伤害。

米洛成了森林里的英雄，所有的动物都尊敬他，感谢他为森林带来的和平。而米洛，只是开心地继续探索着森林的每一个角落，因为他知道，真正的快乐来自帮助他人与和平共处。

这个故事告诉我们，通过善良和努力，我们可以使世界变得更加美好与和平。希望每个小朋友都能成为像米洛一样的小英雄，用自己的行动为周围的人带来快乐与和平。

接下来让 ChatGPT 根据种子词编写一个童话故事，要求适合 8 岁小朋友阅读，具体示例如下。

 提问

根据种子词编写一个童话故事，要求适合 8 岁小朋友阅读，种子词为饼干、小猫、礼盒

ChatGPT

在一个温暖的小镇上，住着一只聪明可爱的小猫，名叫奇奇。奇奇最喜欢做的事情就是每天在厨房里帮忙，尤其是当她的主人，一位著名的糕点师傅，制作饼干时。奇奇总是跳上厨房的柜台，好奇地观察着每一个步骤，偶尔还会伸出爪子试图帮忙。

有一天，糕点师傅决定制作一种特别的饼干，为即将到来的年度糕点节做准备。这种饼干不仅味道独特，而且每一块都藏有一个小惊喜。糕点师傅把这个秘密告诉了奇奇，小猫听后兴奋不已，决定要做些什么特别的事来帮忙。

奇奇想了一整夜，最后她灵机一动，决定制作一些特别的礼盒，用来装这些饼干。第二天，她找来了彩色的纸张、丝带和一些闪亮的装饰品。她用自己的小爪子，虽然有点笨拙，但非常认真地折叠、装饰，最后做出了许多非常漂亮的礼盒。

糕点节那天，糕点师傅将特制的饼干放入奇奇制作的礼盒中，每个礼盒都被装饰得五彩缤纷，非常吸引人。孩子们收到这些礼盒时，都被外面的装饰所吸引，打开礼盒后，又因里面的饼干和隐藏的小惊喜而欣喜若狂。孩子们围着奇奇和糕点师傅欢呼雀跃，笑声和欢呼声充满了整个节日。

这个故事不仅让镇上的人们知道了奇奇的聪明和创造力，也让他们明白，无论是制作饼干还是制作礼盒，只要用心，就能带给他人快乐和惊喜。而奇奇和糕点师傅的友谊，也成为镇上人们津津乐道的佳话。

这个故事告诉我们，每个人都有能力通过自己的创造和努力，为周围的人带来快乐和惊喜。我们应该珍惜身边的朋友，和他们一起创造美好的未来。

5.3.4 散文

在生活中，我们欣赏美景、享受美食、阅读佳作或感悟人生百味，都可能会忍不住文思泉涌，想要用言语或文字表达，散文便由此而来。ChatGPT 的出现，让散文能够借助 AI 的力量传情达意。下面将介绍让 ChatGPT 写作散文的操作步骤，具体示例如下。

 提问

请总结朱自清散文的特点

 ChatGPT

朱自清的散文在中国现代文学史上占有重要地位，其作品以独特的艺术风格和深刻的思想内涵赢得了广泛的赞誉。以下是朱自清散文的主要特点。

1. **语言清新自然**：朱自清的散文语言质朴、清新，没有过多的华丽辞藻，却能够细腻地描绘出事物的本质。他的文字如同清风拂面，给人以宁静、舒适之感。

2. **情感真挚细腻**：朱自清善于在散文中表达个人的情感体验，无论是对生活的感悟、对自然的赞美，还是对亲友的怀念，都充满了真挚的情感和细腻的描写。

3. **结构严谨清晰**：他的散文结构严谨，层次分明，逻辑清晰。无论是长篇还是短篇，都能让读者一目了然地把握文章的主旨和脉络。

4. **意境深远悠长**：朱自清的散文往往通过描绘具体的生活场景或自然景观，引发读者对人生、社会、自然的深刻思考，营造出一种深远悠长的意境。

5. **注重细节描写**：他善于捕捉生活中的细微之处，通过细腻的描写，使读者能够身临其境地感受到他所描绘的场景和氛围。

6. **融合中西文学元素**：朱自清的散文在继承中国传统文学的基础上，也吸收了西方文学的营养，形成了自己独特的文学风格。他的作品中既有中国传统文学的含蓄与意境，又有西方文学的直接与深刻。

7. **人文关怀浓厚**：他的散文中充满了对人性、道德、社会问题的关注与思考，展现出浓厚的人文关怀精神。

8. **情感与理智并重**：朱自清的散文在表达情感的同时，也不乏理智的分析和深刻的思考。他的文字既能够触动人心，又能够引发读者的深思。

综上所述，朱自清的散文以其独特的艺术风格和深刻的思想内涵，成为了中国现代文学史上的瑰宝。他的作品不仅让读者感受到了文学的魅力，更引发了人们对生活、社会、自然的深刻思考。

在同一个输入框中输入提示词，让 ChatGPT 根据上述特征，写一篇关于公园的散文，字数控制在 400 字左右，具体示例如下。

提问

请根据上述特征，写一篇关于公园的散文，字数控制在 400 字左右

ChatGPT

清晨，阳光穿过薄薄的云层，洒在公园的小径上。我漫步于此，仿佛置身于朱自清笔下的散文世界。这里的景色，恬静而优美，宛如一幅淡淡的水墨画。

公园里的树木，郁郁葱葱，枝叶随风轻摆，仿佛在诉说着岁月的故事。那一片片翠绿的草地，犹如柔软的绿毯，让人忍不住想要躺下来，与大自然亲密接触。湖边的柳树，垂下嫩绿的枝条，随风轻舞，宛如一位婀娜多姿的少女。

漫步在曲折的小径上，耳边传来阵阵鸟鸣，清脆悦耳。偶尔，还能看到几只蝴蝶在花间翩翩起舞，为这宁静的公园增添了几分生机。阳光透过树叶的缝隙，洒在水面上，波光粼粼，宛如一幅流动的画卷。

公园里的游人，或悠闲散步，或轻声交谈，无不沉浸在这宁静的美好时光里。我在这如诗如画的公园中，感受到了朱自清散文中的那份宁静与淡然，仿佛心灵得到了净化。

时光荏苒，岁月如梭。在这座公园里，我找到了心灵的栖息地，品味着生活的美好。公园，犹如一部永远也读不完的散文集，让人陶醉其中，流连忘返。

5.4 生成短视频文案

短视频文案是指在短视频平台上发布的视频描述或文字说明，包括短视频标题文案和分镜头脚本文案两大类，通常具有简洁、有趣、引人入胜等写作特点。本节将介绍运用 ChatGPT 生成短视频文案的操作方法。

5.4.1 短视频标题文案

短视频标题文案是对短视频主体内容的概括，能够起到突出视频主题、吸引受众观看视频的作用。短视频标题文案通常会与 tag 标签一起在短视频平台中呈现。

因此，用户在运用 ChatGPT 生成短视频标题文案时，需要在提示词中提到连同 tag 标签一起生成。下面介绍运用 ChatGPT 生成短视频标题文案的操作方法，具体示例如下。

 提问

提供主题为美食烹饪技巧的短视频标题文案，并添加 tag 标签

 ChatGPT

为了提供给你一系列吸引人的美食烹饪技巧短视频标题文案，我会先列出几个主题，然后为每个主题创建一个标题和相关的标签。这样有助于吸引观众的注意力，并通过标签让视频更容易被找到。

1. 主题：快速早餐制作技巧

·标题：《5 分钟快速早餐：快速开启美味的一天》

·标签：# 快速早餐 # 健康食谱 # 烹饪技巧 # 早餐制作 # 快捷菜谱

2. 主题：低成本家庭晚餐

·标题：《省钱大法：一周低成本家庭晚餐计划》

·标签：# 家庭晚餐 # 低成本食谱 # 省钱烹饪 # 美食制作 # 家常菜谱

3. 主题：健康素食烹饪

·标题：《绿色食堂：创意素食烹饪技巧揭秘》

·标签：# 素食主义 # 健康饮食 # 烹饪技巧 # 素食食谱 # 绿色生活

4. 主题：节日特色菜制作

·标题：《节日飨宴：特色节日菜品制作指南》

·标签：# 节日烹饪 # 特色菜谱 # 烹饪技巧 # 美食制作 # 庆祝美食

5. 主题：甜点和烘焙技巧

·标题：《烘焙乐趣：甜点制作和装饰的艺术》

·标签：# 烘焙技巧 # 甜点制作 # 美食艺术 # 烹饪技巧 # 家庭烘焙

使用这些标题和标签，你的短视频内容不仅会更加吸引人，还能够让更多的潜在观众通过标签系统找到你的视频。

记得根据视频的具体内容和目标观众群体微调这些建议，以达到最佳效果。

对 ChatGPT 生成的标题文案提出修改要求，让其根据要求重新提供标题文案，具体示例如下。

 提问

短视频标题文案的要求：1、突出受众痛点和自身优势；2、能够快速吸睛，并使受众产生观看视频内容的兴趣。根据要求重新提供标题文案

ChatGPT

根据您的要求，以下是针对美食烹饪技巧短视频的标题文案，侧重于突出受众痛点和自身优势，同时能够快速吸睛并激发观众的观看兴趣：

1. 对于时间紧张的上班族

·标题：《3 分钟早餐神器：忙碌早晨的营养快车》

·标签：#3 分钟早餐 # 上班族救星 # 快速营养 # 早餐新选择 # 时间管理

2. 对于预算有限的家庭

·标题：《每餐不超过 10 元：高性价比家常美味揭秘》

·标签：# 省钱美食 # 家庭晚餐 # 经济实惠 # 美味不贵 # 节省预算

3. 对于追求健康的食客

·标题：《零添加，全绿色：每日健康素食轻松做》

·标签：# 健康生活 # 素食轻松做 # 零添加 # 全绿色食谱 # 营养满分

4. 对于节日庆典的准备者

·标题：《节日大餐，轻松上桌：让你的节日更加精彩》

·标签：# 节日庆典 # 大餐轻松做 # 家庭聚会 # 美味分享 # 节日快乐

5. 对于甜品爱好者

·标题：《甜蜜引爆点：家庭甜品轻松制胜秘籍》

·标签：# 甜品制作 # 家庭烘焙 # 甜蜜生活 # 烘焙技巧 # 甜点快手

这些标题在解决特定受众的痛点的同时，展示了视频内容的独特优势，能够迅速吸引目标观众的注意力，并激发他们观看视频的兴趣。

5.4.2 分镜头脚本文案

分镜头脚本文案是用来描述短视频中每一个镜头的内容和细节的文稿。它通常包含标题、场景描述、景别、运镜、台词或对白、道具、节奏和节拍等要素，用户在撰写分镜头脚本文案时可以根据具体的需求来安排这些要素。下面介绍运用 ChatGPT 生成分镜头脚本文案的方法，具体示例如下。

 提问

什么是分镜头脚本文案？

 ChatGPT

分镜头脚本文案，通常简称为分镜脚本，是影视制作中的一个重要的组成部分，它是在编写完剧本和实际开始拍摄前制作的详细指导文件。分镜脚本通过将剧本中的场景和情节具体化，详细描述每一个镜头的内容、角度、镜头运动、演员表现、场景布置、光线、色彩等信息，为导演、摄影师，以及其他制作人员提供了一个清晰的视觉指导。

分镜脚本通常包括以下几个方面的内容：

1. 镜头编号：每个镜头都有一个唯一的编号，便于在拍摄过程中进行沟通和调整。

2. 场景描述：详细描述镜头中场景的背景、时间（白天或夜晚）、地点等信息。

3. **镜头类型**：包括特写、中景、远景等不同的拍摄距离，以及推、拉、摇、移等镜头运动。

4. **角色动作和表情**：描述在镜头中角色的具体动作和表情，以及角色之间的互动。

5. **对白和声音**：标明镜头中的对白内容、背景音乐、环境声等声音信息。

6. **视觉效果**：包括特殊的视觉效果、色彩调整等信息。

7. **其他特殊要求**：如特殊的道具、服装、化妆等要求。

分镜脚本的制作通常需要导演、编剧、摄影师等多个职能团队成员的紧密合作。通过分镜脚本，可以有效地将剧本中的文本情节转化为可视化的影像，帮助整个团队更好地理解和把握影片的视觉风格和节奏，确保拍摄过程的高效和顺利。在某些情况下，分镜脚本还可以绘制成分镜头画面（Storyboard），以图形的方式更直观地展示每个镜头的构图和内容。

为 ChatGPT 设定身份，让其根据身份属性完成任务，依照要求生成分镜头脚本文案，具体示例如下。

 提问

你是一名专业的搞笑类短剧博主，正在写一个关于校园趣事的脚本，场景是大学校园的教室里，脚本中需包括当下短视频热门元素，开篇 5s 迅速吸引人的眼球，中间有反转，结尾有惊喜，文案侧重于情绪表达。脚本用表格的形式呈现以下内容：分镜序号、景别、画面描述、对话台词、背景音乐

ChatGPT

下面是一个校园趣事主题的搞笑短剧脚本示例，结合了当下短视频的热门元素，旨在迅速吸引观众的注意力，通过中间的反转和结尾的惊喜来增强趣味性和观看体验。

分镜序号	景别	画面描述	对话／台词	背景音乐
1	特写	学生 A 偷偷地从书包里拿出一块看起来非常普通的三明治	（无台词）	轻快的背景音乐开始播放
2	中景	学生 B 目不转睛地盯着三明治，脸上写满了渴望	学生 B："那看起来真好吃，能分给我一半吗？"	轻快音乐持续
3	近景	学生 A 把三明治递给 B，但突然三明治变成了一个橡皮擦	学生 A："当然可以，这是我最新发明的'饥饿解救橡皮擦'。"	轻快音乐突然停止
4	特写	学生 B 一脸困惑地拿着橡皮擦，周围同学的表情很搞笑	学生 B："这……这能吃吗？"	插入搞笑音效
5	中景	学生 A 摆出神秘的手势，然后拿出一个真正的三明治给学生 B	学生 A："开个玩笑，真正的午餐在这里。"	背景音乐重新开始播放
6	全景	整个教室突然变成一个快闪舞蹈现场，所有人都站起来跳起了流行舞	（无台词，只有舞蹈动作和音乐）	流行音乐响起
7	近景	舞蹈结束，学生 B 发现自己手中的三明治变成了两张演唱会门票	学生 A："这次是真的，我们一起去看演唱会吧！"	舞蹈音乐渐渐淡出，出现转场音效
8	中景	学生 A 和学生 B 兴奋地拥抱，周围的同学都为他们鼓掌	学生 B："太棒了，你是最好的！"	欢快的背景音乐结束

这个脚本通过在教室这个常见场景中引入意想不到的转折和趣味元素，如"饥饿解救橡皮擦"的搞笑发明、快闪舞蹈，以及最终的惊喜礼物（演唱会门票），营造了一个轻松愉快的氛围，同时凸显友情和惊喜的主题。开头迅速吸引观众注意力，中间通过反转增加趣味性，结尾以惊喜收场，完整地贯穿了情绪表达的侧重点。

5.4.3 情感共鸣类视频文案

情感共鸣类视频文案是指描述情感类视频内容，且能够引起受众共鸣的文字。通常情况下，情感共鸣类视频会以图文的形式来呈现，因此文案的重点在于标题文案，打造有吸引力、能引人共鸣的标题文案是情感共鸣类视频文案的写作关键。下面将介绍运用 ChatGPT 生成情感共鸣类视频文案的操作方法，具体示例如下。

提问

情感共鸣类视频文案主要是指描述情感类视频内容的文字，旨在引起受众共鸣。提供 3 个情感共鸣类视频文案示例

ChatGPT

情感共鸣类视频文案通常触及人心最深处的情感，唤醒观众对某一情感体验的共鸣。以下是 3 个情感共鸣类视频文案示例：

1. 家的温暖

在这个快节奏的世界里，我们常常忘记了最简单、最纯粹的幸福——家的温暖。这个视频带您回到那些被忽略的瞬间：孩子们的笑声、晚餐桌上的温馨对话、老伴关切的目光。每一个小小的片刻，都是我们生活中最宝贵的记忆。让我们一起感受家的温暖，找回心中的那份宁静和满足。

2. 重新连接

在生命的旅程中，我们与很多人相遇、相知、相离。我们以为会永远与某些人并肩，却因为各种原因而渐行渐远。这个视频讲述了许多重新连接的旅程——无论是与老朋友、远方的家人，还是与自己的内心。通过一系列深刻而动人的故事，我们发现，重新连接不仅是一种勇气的展示，也是对生活的一种深刻理解和珍视。

3. 挑战与胜利

生活充满了挑战，每一次挑战的背后，都隐藏着成长和胜利的机会。这个视频汇集了来自不同背景、面对各种生活挑战的人们的真实故事。他们中有的人战胜了疾病，有的人摆脱了困境，有的人实现了看似不可能的梦想。这些故事不仅仅是胜利的记录，更是对坚持和希望的赞歌。让我们一起感受那份力量，那份在逆境中不断前行的勇气。

这些文案旨在引发观众的情感共鸣，通过真实的故事触动人心，激发观众的情感反应。

矫正 ChatGPT 的语言风格，让其生成更有参考价值的文案，具体示例如下。

提问

使用更温馨、给人治愈感的语气，字数控制在 50 字以内，再添加 tag 标签

ChatGPT

1. 温暖回家路

"无论世界多么喧闹，家的温暖总能治愈一切疲惫。回家，感受爱的温度。"

标签：# 家的温暖 # 回家的路 # 爱的温度

2. 重拾旧时光

"旧友重逢，温暖话语溶化岁月。让我们一起，重拾那份久违的温暖和笑容。"

标签：# 旧友重逢 # 温暖回忆 # 重拾笑容

3. 勇气之光

"每一次挑战，都是通往光明的道路。勇敢前行，发现生命的无限可能。"

标签：# 挑战自我 # 生命光芒 # 勇往直前

5.4.4 互动体验类视频文案

互动体验类视频文案是指在视频中用于描述、引导和激发受众参与互动的文字内容。其最主要的目的是吸引受众的注意力，并引导受众积极参与视频中的活动。运用 ChatGPT 生成互动体验类视频文案，需要输入具体的需求和恰当的提示词进行引导。下面介绍运用 ChatGPT 生成互动体验类视频文案的操作方法，具体示例如下。

 提问
列举 3 个互动体验类视频文案

 ChatGPT
互动体验类视频文案设计的核心在于激发观众的参与感和互动性。下面是 3 个不同主题的互动体验类视频文案示例：

1. 旅行冒险挑战

· 标题：《你的旅行，你做主》

· 文案：

欢迎来到《你的旅行，你做主》！在这个互动视频中，每一个选择都将带领你走向不同的冒险之旅。是选择宁静的海滩散步，还是挑战极限的山岳徒步？是深入了解当地文化，还是寻找隐藏的美食珍宝？现在，轮到你做选择了。点击屏幕，开始你的冒险之旅吧！

2. 料理课堂互动课程

· 标题：《从零开始的料理之旅》

· 文案：

你是否厌倦了每天相同的餐点？加入我们的《从零开始的料理之旅》，让我们一起探索世界各地的美食！在这个互动视频中，你来决定今天的菜单。是意大利面、寿司，还是墨西哥卷饼？选择食材，学习烹饪技巧，一步步完成你的美食作品。你的厨艺旅程，由你主宰。点击开始，打开美味的新世界！

3. 健身挑战活动

· 标题:《30 天健身挑战》

· 文案:

是时候挑战自我,迎接更健康的生活方式了!加入我们的《30 天健身挑战》,每天解锁新的健身任务,从初级到高级,全面提升你的体能。你会选择哪个挑战作为开始?是燃烧脂肪的有氧运动,还是增强力量的举重训练?让我们一起动起来,记录进步,分享成就。点击参与,开启你的健身之旅!

这些文案旨在通过提供选择和参与的机会,增强观众的参与度和互动体验。引导观众做出选择,不仅增加了视频的趣味性,也让观众能够根据自己的兴趣和需求定制观看体验。

在输入框中输入具体需求,让 ChatGPT 用互动体验类视频文案的写法,为宣传新开业的咖啡厅提供一篇完整的视频文案,具体示例如下。

 提问

用互动体验类视频文案的写法,为宣传新开业的咖啡厅提供一篇完整的视频文案,字数控制在 500 字左右

 ChatGPT

标题:《探索你的味蕾之旅——新咖啡厅开业特辑》

文案:

欢迎来到《探索你的味蕾之旅》!我们的新咖啡厅不仅仅是一家咖啡馆,它更是一个故事,一场关于味蕾的探险旅行。今天,你将成为这个故事的主角,通过你的选择,发现属于你的专属味道。

屏幕上展示了我们的 4 款特色咖啡,每一款都有其独特的故事和风味。是深邃浓郁的经典意式浓缩,还是香醇顺滑的拿铁?或是你更倾向于尝试我们的特色调制咖啡,感受不一样的风味组合?

但我们的体验不止于此。点击屏幕,选择你的咖啡后,我们将带你进入一个全新的互动环节——与我们的咖啡师面对面。他们将分享这款咖啡的来历,咖啡豆的选择,以及独到的烘焙技巧。每一步,每一个细节,都在等待着你的发现。

不仅如此,你还有机会定制自己的专属咖啡。是增加一点巧克力的甜蜜,还是加入一抹薄荷的清新?

让我们一起创造出只属于你自己的咖啡。

最后,不要忘了参与我们的富有特色的开业活动。分享你的咖啡故事和照片,有机会赢得我们准备的精美礼品。就让我们一起,开启这场味蕾的探险之旅吧!点击开始,选择你的第一杯咖啡,探索属于你的味道。

这篇文案设计旨在通过互动体验,引导顾客参与咖啡厅的开业活动,通过提供选择和个性化体验,增强顾客的参与感和好奇心,让顾客在享受咖啡的同时,也能感受到咖啡背后的故事和文化。

本章小结

本章主要向读者介绍了 ChatGPT 生成文案的实操案例,包括生成电商文案、生成新媒体文案、生成艺术类文案,以及生成短视频文案,帮助读者进一步熟练运用 ChatGPT 来生成文案。用户根据书中的步骤多实践,方可真正掌握其精髓。

课后实训

下面让 ChatGPT 生成关于运动健身的短视频标题文案，具体示例如下。

 提问

提供主题为运动健身的短视频标题文案，并添加 tag 标签，要求能够吸引目标受众，使他们产生观看视频内容的兴趣

 ChatGPT

1. 标题：《5 分钟快速燃脂！在家也能轻松健身》

·Tag 标签：# 家庭健身 # 快速燃脂 #5 分钟锻炼 # 健身新手 # 健康生活

2. 标题：《从零开始：跟我一起打造完美腹肌》

·Tag 标签：# 腹肌训练 # 健身入门 # 零基础 # 健身挑战 # 健康饮食

3. 标题：《全身塑形操，每天 10 分钟，塑造理想身材》

·Tag 标签：# 全身塑形 # 每日锻炼 # 健身计划 # 在家锻炼 # 健康生活

4. 标题：《跟着专业教练做瑜伽，释放压力，提升灵活性》

·Tag 标签：# 瑜伽入门 # 专业教练 # 释放压力 # 提升灵活性 # 健康生活

5. 标题：《户外运动指南：如何安全有效地进行户外锻炼》

·Tag 标签：# 户外运动 # 安全锻炼 # 运动指南 # 健身技巧 # 健康生活

6. 标题：《跑步新手必看：从零开始，步步为营》

·Tag 标签：# 跑步入门 # 新手指南 # 健康生活 # 运动鼓励 # 持之以恒

7. 标题：《健身小贴士：如何选择合适的运动鞋》

·Tag 标签：# 健身贴士 # 运动装备 # 选择运动鞋 # 健身常识 # 健康生活

8. 标题：《每日 10 分钟，家用椅子就能完成的锻炼》

·Tag 标签：# 家庭锻炼 # 简易健身 # 椅子锻炼 # 节省时间 # 健康生活

通过这些吸引眼球的标题和相关标签，可以有效地引起目标受众的兴趣，促使他们点击观看视频内容。

AI 绘画篇

第 6 章　DALL·E 3：
以文生图，一语成画

DALL·E 3 是由 OpenAI 开发的第三代 DALL·E 图像生成模型，它能够将文本提示词作为输入，生成新图像作为输出。本章将向大家详细介绍 DALL·E 3 的使用方法与技巧，帮助大家更深刻地了解 DALL·E 3。

6.1 生成图像能力

2021 年 1 月，OpenAI 发布了第一代 DALL·E 模型，它能够利用深度学习技术，理解输入的文本提示词，并据此创造出符合描述的图片。如今，OpenAI 已经发布了第三代的 DALL·E，也就是 DALL·E 3，DALL·E 3 拥有更强大的图像生成能力，可以根据文本提示词生成各种风格的高质量图像。本节将展示 DALL·E 3 生成图像的能力，帮助大家快速了解 DALL·E 3。

6.1.1 在 GPTs 商店中查找

GPTs 是 OpenAI 推出的自定义版本的 ChatGPT，通过 GPTs，用户能够根据自己的需求和偏好，创建一个完全定制的 ChatGPT。无论是想获得一个能帮忙梳理电子邮件的助手，还是一个随时提供创意灵感的伙伴，GPTs 都能让这一切变成现实。

简而言之，GPTs 允许用户根据特定需求创建和使用定制版的 GPT 模型，这些定制版的 GPT 模型被称为 GPTs。虽然 DALL·E 并非直接归类为 GPTs，但我们可以在 GPTs 商店中找到 DALL·E 并直接使用。下面介绍具体的操作方法。

步骤 01 在 ChatGPT 主页的侧边栏中，单击"探索 GPTs"按钮，如图 6-1 所示。

图 6-1　单击"探索 GPTs"按钮

步骤 02 进入 GPTs 商店页面，用户可以在此选择自己想要添加的 GPTs，也可以直接在搜索框中输入 GPTs 的名称快速找到 GPTs。例如，在输入框中输入 DALL·E，在弹出的列表框中选择 DALL·E 选项，如图 6-2 所示。

步骤 03 跳转至新的 ChatGPT 页面，此时我们正处在 DALL·E 的操作界面中，单击左上方 DALL·E 旁边的下拉按钮✓，在弹出的列表框中选择"保持在侧边栏"选项，如图 6-3 所示。

步骤 04 执行操作后，即可将 DALL · E 保留在侧边栏中，方便我们下次使用，如图 6-4 所示。

图 6-2 选择 DALL · E 选项

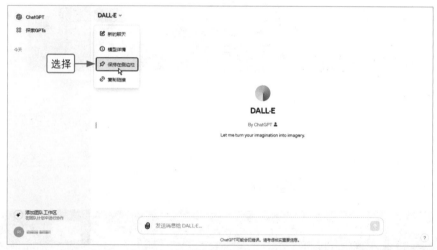

图 6-3 选择"保持在侧边栏"选项

图 6-4 将 DALL · E 保留在侧边栏中

步骤 05 在下方的输入框中输入提示词，如图 6-5 所示。

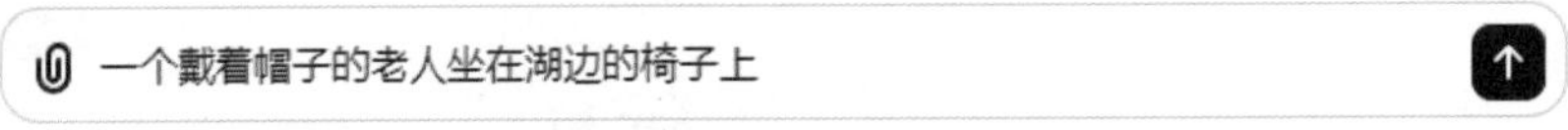

> 📎 一个戴着帽子的老人坐在湖边的椅子上 ↑

图 6-5　输入相应的提示词描述

步骤 06 按【Enter】键确认，即可发送提示词，稍等片刻，DALL·E 将根据用户提供的提示词生成相应的图片，如图 6-6 所示。

图 6-6　DALL·E 根据提示词生成图片

步骤 07 选择其中一张图片并保存。例如，这里选择第 1 张，单击第 1 张图片，进入放大预览状态，单击右上角处的下载按钮🔽，如图 6-7 所示。

图 6-7　单击下载按钮🔽

步骤 08 弹出"另存为"对话框，选择合适的保存位置，单击"保存"按钮，如图 6-8 所示，即可将图片保存。用同样的方法可以将另一张图片一并保存。

图 6-8　单击"保存"按钮

6.1.2　提示词执行能力

效果展示　DALL · E 3 生成的图片在图像质量和细节上都表现得十分优秀，除此之外，DALL · E 3 还具有强大的提示词执行能力。据官方介绍，与以往的系统相比，DALL · E 3 能更好地理解细微差别和细节，让用户能更加轻松地将自己的想法转化为非常准确的图像，用户只需要输入相应的提示词，DALL · E 3 便可以生成完全符合提示词的图像，效果如图 6-9 所示。

图 6-9　DALL · E 3 根据提示词生成的图像效果

下面将举例展示 DALL · E 3 的提示词执行能力。

步骤 01 打开 ChatGPT，进入 DALL · E 的操作界面，在输入框内输入相应的提示词，如图 6-10 所示。

图 6-10　输入相应的提示词描述

步骤 02 按【Enter】键确认，DALL·E 将根据用户提供的提示词，生成相应的图片，如图 6-11 所示。

图 6-11 DALL·E 根据提示词生成图片

可以看出 DALL·E 3 能很好地理解"闭着眼睛高兴地咬了几口"这样的自然语言，并准确呈现出对应的形象细节。

6.1.3 提示词处理能力

DALL·E 3 不仅拥有强大的提示词执行能力，在处理复杂的提示词方面也展现了非常出色的才能。即使是复杂冗长的提示词，DALL·E 3 也能够理解，并根据提示词准确呈现出对应的画面细节。需要注意的是，冗长的提示词也意味着需要更多的 GPU 处理时间，所以等待出图的时间会更长。

效果展示 DALL·E 3 能够理解和解释复杂的文本描述，包括抽象概念、细节描述，以及各种指令，与传统图像生成模型相比，这种高级的语言理解能力使得它能够处理更长、更复杂的提示词。在处理更长、更复杂的提示词时，DALL·E 3 可以在画面中完整呈现提示词中的各类元素和特征，效果如图 6-12 所示。

图 6-12 DALL·E 3 根据复杂的提示词生成的图像效果

下面将举例展示 DALL·E 3 的提示词处理能力。

步骤 01 在 DALL·E 的输入框内输入较为复杂的提示词，如图 6-13 所示。

想象一座位于浩瀚星空下的梦幻城堡，城堡高耸入云，其尖塔顶端绽放着魔法般的光芒，似乎在召唤远方的旅人。在这座城堡的前方，有一条由光芒铺成的道路，引领着来访者进入这个神秘的世界。

图 6-13 输入相应的提示词描述

步骤 02 按【Enter】键确认，DALL · E 将根据用户提供的提示词，生成相应的图片，如图 6-14 所示。

图 6-14　DALL · E 根据提示词生成图片

6.2　优化提示词

DALL · E 3 可以根据用户所提供的提示词生成相应的图片，并且具有很强的提示词执行能力。因此，在使用提示词生成图片时，我们可以使用一些技巧来优化提示词，提升 DALL · E 3 的出图品质。本节将详细介绍优化 DALL · E 3 提示词的技巧，帮助用户更加顺利地生成符合预期的图片。

6.2.1　更具体的描述

效果展示 用户在使用提示词生成图像时，可以提供想要生成对象的详细描述，包括外观、特征、颜色，以及形状等，效果如图 6-15 所示。

图 6-15　使用更具体的描述生成的图片效果

下面介绍具体的操作方法。

步骤 **01** 在 DALL·E 的输入框内输入相应的提示词，如图 6-16 所示。

图 6-16　输入相应的提示词描述

在编写提示词时，可以使用"一只粉色的大象，有着长长的鼻子和大大的耳朵"，而不仅仅是"一只大象"。

步骤 **02** 按【Enter】键确认，DALL·E 将根据用户提供的提示词，生成相应的图片，如图 6-17 所示。

Here are the images of the cute, chubby orange cat lying next to the window with heavy snow falling outside.

图 6-17　DALL·E 根据提示词生成图片

6.2.2 指定特定场景

效果展示　用户可以指定特定场景，引导模型生成与描述相符的图像，使其更加细致、生动和贴近用户的需求。这种方法对于创作需要特定背景或情境的图像，以及生成视觉故事叙述的图像非常有用，效果如图 6-18 所示。

图 6-18　指定特定场景后生成的图片效果

下面介绍具体的操作方法。

步骤 01 在 DALL · E 的输入框内输入相应的提示词，如图 6-19 所示。

> 一个宁静的湖边日落景象，背景是绚烂的天空和云朵，前景是一片宁静的湖面，
> 湖中倒映着夕阳的余晖和天空的色彩

图 6-19 输入相应的提示词描述

步骤 02 按【Enter】键确认，DALL · E 将根据用户提供的提示词，生成相应的图片，如图 6-20 所示。

DALL·E

Here are the images of the tranquil lakeside sunset scene you described, capturing the splendid sky and clouds along with the serene reflection on the lake surface.

图 6-20 DALL · E 根据提示词生成图片

6.2.3 添加情感动作

效果展示 用户可以在提示词中添加情感和动作描述，引导人工智能模型生成更富有情感和故事性的图像，使其中的元素不仅是静态的物体，还能够传达出情感、生动感和互动性，效果如图 6-21 所示。

图 6-21 添加情感动作后生成的图片效果

下面介绍具体的操作方法。

步骤 01 在 DALL·E 的输入框内输入相应的提示词，如图 6-22 所示。

一个年轻的女孩在夏日的花园里跑来跑去，她的笑容灿烂，背景是盛开的鲜花，
阳光洒在她身上

图 6-22 输入相应的提示词描述

步骤 02 按【Enter】键确认，DALL·E 将根据用户提供的提示词，生成相应的图片，如图 6-23 所示。

DALL·E

Here are the images showing a young girl enjoying herself by running around in a summer garden, surrounded by blooming flowers and bathed in sunlight, capturing the essence of a joyful and vibrant atmosphere.

图 6-23 DALL·E 根据提示词生成图片

　　以上的提示词描述了一个情感愉悦、充满活力的场景，其中有一个女孩在夏天的花园里奔跑，背景是美丽的花朵和明媚的阳光。通过这个描述，DALL·E 可以理解生成图像所需的情感、动作和环境，以呈现出一个生动的场景。

6.2.4 引入背景信息

用户可以引入背景信息，引导人工智能模型生成更细致、丰富和富有情感的图像，描述图像发生的地点或时间，包括场景的位置（城市、乡村或室内、室外等）、季节（春天、夏天、秋天、冬天）、天气状况（晴天、雨天、雪天）等。引入背景信息有助于模型理解生成图像的上下文，并使图像更具情感和氛围。

效果展示 例如，描述一个秋天的场景，我们可以在提示词中添加关于人物的外貌、服装、动作，以及环境和季节等细节的描写，通过这些提示词，DALL·E 可以理解用户期望的图像情感和氛围，并生成富有细节和情感的图像，效果如图 6-24 所示。

图 6-24 引入背景信息后生成的图片效果

下面介绍具体的操作方法。

步骤 01 在 DALL · E 中输入相应的提示词，并在提示词中引入背景信息，如图 6-25 所示。

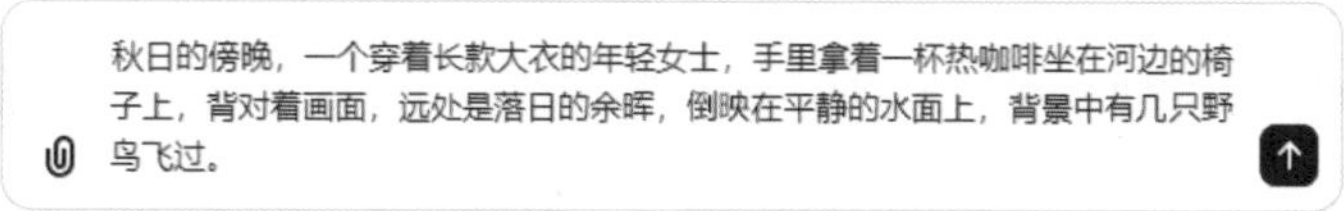

> 秋日的傍晚，一个穿着长款大衣的年轻女士，手里拿着一杯热咖啡坐在河边的椅子上，背对着画面，远处是落日的余晖，倒映在平静的水面上，背景中有几只野鸟飞过。

图 6-25 输入相应的提示词描述

步骤 02 按【Enter】键确认，DALL · E 将根据用户提供的提示词，生成相应的图片，如图 6-26 所示。

Here are the ultra-realistic wide images showcasing a serene autumn evening by the river, with attention to detail in textures and the ambient setting, aiming to capture the scene's true essence and delicacy.

图 6-26 DALL · E 根据提示词生成图片

6.2.5 使用具体数量

效果展示 通过指定图像中出现的物体、人物或元素的具体数量，帮助人工智能模型更好地理解生成图像的要求，并且数量描述可以使生成的图像更加具体和清晰，效果如图 6-27 所示。

图 6-27　使用具体数量后生成的图片效果

下面介绍具体的操作方法。

步骤 01　在 DALL·E 中输入相应的提示词，并在提示词中加入具体的数量，如图 6-28 所示。

> 一个木桌上摆放着3个碗，旁边有一只小猫趴着睡觉　　　　　　↑

图 6-28　输入相应的提示词描述

步骤 02　按【Enter】键确认，DALL·E 将根据用户提供的提示词，生成相应的图片，如图 6-29 所示。

DALL·E

Here are the images featuring three bowls on a wooden table with a small cat lying beside them, sleeping peacefully. The scene exudes a cozy and tranquil atmosphere.

图 6-29　DALL·E 根据提示词生成图片

　以上的提示词描述了一个具体的场景，其中包括了碗和小猫的数量。通过这些描述，DALL·E 可以理解生成图像时所需的元素数量和情景，以呈现出一个有明确数量的、生动的场景。

6.2.6　提供视觉比喻

效果展示　用户可以使用比喻性的提示词，帮助 DALL·E 更好地理解和呈现出具有特定视觉效果和情感的图像。通过视觉比喻来描述用户的需求，可以帮助模型更好地理解并生成相关图像，效果如图 6-30 所示。

图 6-30　提供视觉比喻后生成的图片效果

下面介绍具体的操作方法。

步骤 01 在 DALL · E 的输入框内输入相应的提示词，如图 6-31 所示。

> 天空中的云朵像棉花糖一样柔软，下方是一座安静又祥和的小镇，小镇的中间有
> 📎　一个小湖　　　　　　　　　　　　　　　　　　　　　　　　　　　　↑

图 6-31　输入相应的提示词描述

以上提示词使用了视觉比喻，将小镇上方的云朵与棉花糖相比较，以更生动地描述小镇的景色。通过
这个描述，模型可以更好地理解用户希望生成的图像应具有的视觉效果和情感氛围。

步骤 02 按【Enter】键确认，DALL · E 将根据用户提供的提示词，生成相应的图片，如图 6-32 所示。

🔘 **DALL·E**

Here are the images based on your description. Please take a look at the serene small town with a sky filled with clouds as soft as cotton candy.

📋 🔄 👎

图 6-32　DALL · E 根据提示词生成图片

6.3 保持一致性

要使生成的图片保持相同的艺术风格需要用到一些特殊的指令，在使用 DALL · E 生成图像时，使用种子值可以使图片保持一致性。本节将以人物照片为例，介绍使生成图片保持一致性的方法，帮助用户提高出图效率。

6.3.1 获取种子值

用户想要生成的图片保持一致性时，可以向 DALL · E 获取图片的种子编号，也就是种子值。在生成一系列图像时，可以通过使用相同的种子值来确保它们在某些方面（如风格、色调、纹理）保持一致，即使使用不同的提示词，也会生成风格相同的图像。下面介绍具体的操作方法。

步骤 01　在 DALL · E 的输入框内输入相应的提示词，并让 DALL · E 提供图片的种子值，如图 6-33 所示。

> 请生成一张图片并附带上该图片的种子值：一位25岁的中国女性的摄影照片，她有
> 一头乌黑的头发，穿着蓝色T恤

图 6-33　输入相应的提示词描述

步骤 02　按【Enter】键确认，DALL · E 将根据用户提供的提示词，生成相应的图片，并提供图片的种子值，如图 6-34 所示。

The images have been generated. Each image comes with a unique seed value:

- For the first image, the seed value is 1605061260.
- For the second image, the seed value is 938424460.

图 6-34　DALL · E 生成图片与种子值

> DALL · E 会根据用户的需求生成两张图片并附带种子值，用户可以选择其中合适的一张来作为底图，并使用该图片的种子值进行后续的改动。
>
> 每次生成图像时都必须使用完全相同的种子值，否则，哪怕是微小的变化，也可能导致生成结果的巨大差异。

6.3.2 改变角色元素

使用种子值可以让图片在保持整体风格和主题一致的基础上做出一系列的变化，并且保持图片中角色的一致性。例如，使用种子值让 DALL · E 更改画面中角色的元素，比如服装、表情等。下面介绍具体的操作方法。

步骤 01 在与上一例相同的聊天窗口中继续输入相应的提示词，并提供上一例中第 1 张图片的种子值，如图 6-35 所示。

> 一位25岁的中国女性的摄影照片，她有一头乌黑的头发，穿着红色T恤，-1605061260

图 6-35 输入相应的提示词描述

步骤 02 按【Enter】键确认，DALL · E 将根据提示词与种子值，在保持原图风格的基础上产生一些变化，将 T 恤的颜色从蓝色变为了红色，如图 6-36 所示。

步骤 03 接下来我想让画面中的角色笑起来，可以在原有的提示词与种子值的基础上再次添加描述，例如先在提示词中添加"微笑着"，然后按【Enter】键确认，可以看到画面中角色的表情发生了变化，如图 6-37 所示。

图 6-36 DALL · E 根据提示词和
种子值生成图片

图 6-37 画面中角色的表情
发生变化

6.3.3 添加画面场景

接下来我们利用种子值给图片添加画面场景。通过添加新的描述，使画面中的角色保持不变，增加一个画面场景。下面介绍具体的操作方法。

步骤 01 在与上一例相同的聊天窗口中继续输入相应的提示词，在提示词的后面添加画面场景的描述，如"在图书馆里"，如图 6-38 所示。

一位25岁的中国女性的摄影照片，她有一头乌黑的头发，穿着红色T恤，微笑着，

添加 在图书馆里1605061260

图 6-38　添加画面场景的描述

步骤 02　按【Enter】键确认，即可在角色不发生改变的情况下，给图片添加画面场景，效果如图
6-39 所示。

图 6-39　给图片添加画面场景的效果

6.3.4　改变人物动作

使用种子值能够确保多次生成的图像保持一定程度的相似性和连贯性，我们可以利用此方法改变图
中人物的动作，通过调整人物动作的方式增强故事的表现力和情感深度。下面介绍具体的操作方法。

步骤 01　先在 DALL·E 的输入框内输入与上一例相同的提示词与种子值，然后在提示词的后面添加
对人物动作的描述，如"手里拿着一杯咖啡"，如图 6-40 所示。

一位25岁的中国女性的摄影照片，她有一头乌黑的头发，穿着红色T恤，微笑着，

添加 手里拿着一杯咖啡1605061260

图 6-40　添加人物动作的描述

步骤 02　按【Enter】键确认，即可在背景不发生改变的情况下，改变画面中人物的动作，效果如图
6-41 所示。

图 6-41　改变人物的动作的效果

6.3.5 更换画面场景

使用与上一例相同的种子值将画面的场景变换。例如，将"在图书馆里"改为"在雪山上"。随着场景的变换，其他的提示词也要稍作修改。例如，将"穿着红色 T 恤"改为"穿着灰色的羽绒服，戴了一条围巾"；再将"手里拿着一杯咖啡"改为"背着绿色背包"。下面介绍具体的操作方法。

步骤 01 先在 DALL·E 的输入框内输入上一例的提示词和种子值，然后修改提示词，如图 6-42 所示。

> 一位25岁的中国女性的摄影照片，她有一头乌黑的头发，穿着灰色的羽绒服，戴了一条围巾，微笑着，在雪山上，背着绿色背包-1605061260

图 6-42 修改提示词描述

步骤 02 按【Enter】键确认，即可变换画面场景，并改变人物的服装与动作，效果如图 6-43 所示。

图 6-43 变换画面场景的效果展示

本章小结

本章主要向读者介绍了 DALL·E 的基本用法，包括生成图像能力、优化提示词，以及保持一致性，综合了 ChatGPT 和 DALL·E 的功能，帮助大家更加熟练地掌握 AI 绘画，也对这两个模型的功能更加熟悉。

课后实训

效果展示 让 DALL·E 用更具体的描述生成一只柯基的卡通插画，效果如图 6-44 所示。

图 6-44 用更具体的描述生成的柯基卡通插画

下面介绍具体的操作方法。

步骤 01 在 DALL·E 的输入框内输入相应的提示词，如图 6-45 所示。

> 📎 一只可爱的柯基，吐着舌头，卡通风格，正在追逐一个飞出去的足球　　　↑

图 6-45　输入相应的提示词描述

步骤 02 按【Enter】键确认，DALL·E 将根据用户提供的提示词，生成相应的图片，如图 6-46 所示。

Here are the images of the cute cartoon-style corgi chasing after a soccer ball.

图 6-46　DALL·E 根据提示词生成图片

第 7 章　绘画指令：
更加精准与丰富的创作

在使用 DALL·E 3 生成图像时，用户需要输入一些与所需绘制内容相关的提示词，也就是"绘画指令"，以帮助 DALL·E 3 更好地定位主体和激发创意。本章将介绍一些在 DALL·E 3 中提升出图品质的提示词，帮助大家快速制作出高质量的 AI 绘画作品。

7.1 不同渲染品质的 AI 绘画提示词

渲染品质通常指的是呈现出来的某种图片效果，包括清晰度、颜色还原、对比度和阴影细节等，其主要目的是为了使图片看上去更加真实、生动、自然。本节将以案例的形式向用户介绍使用提示词增强 DALL·E 3 图片渲染品质的方法，进而提升 AI 绘画作品的艺术感和专业性。

7.1.1 提升照片摄影感

效果展示 摄影感（photography），这个提示词在使用 DALL·E 生成摄影照片时有非常重要的作用，它通过捕捉静止或运动的物体以及自然景观等，并选择合适的光圈、快门速度、感光度等相机参数来控制 DALL·E 的出片效果，如亮度、清晰度和景深程度等，效果如图 7-1 所示。

图 7-1　添加提示词 photography 生成的图片效果

下面介绍在 DALL·E 中添加提示词 photography 提升照片摄影感的操作方法。

步骤 01　在 DALL·E 的输入框内输入相应的提示词，如图 7-2 所示。

> 阳光下，樱花满地，一只可爱的小狗趴在地上睡觉，极致的细节，摄影照片，photography

图 7-2　输入相应的提示词描述

步骤 02　按【Enter】键确认，DALL·E 将根据提示词的要求生成添加 photography 后的图片，效果如图 7-3 所示。照片中的亮部和暗部都能保持丰富的细节，并营造出丰富多彩的色调效果。

DALL·E

Here are the images capturing the serene scene you described.

图 7-3　DALL·E 根据提示词生成图片效果

7.1.2　逼真的三维模型

效果展示　在使用 DALL·E 进行 AI 绘画时添加提示词 C4D Renderer（Cinema 4D 渲染器），可以创建出非常逼真的三维模型、纹理和场景，并对其进行定向光照、阴影、反射等效果的处理，从而打造出各种优秀的视觉效果，如图 7-4 所示。

图 7-4　添加提示词 C4D Renderer 生成的图片效果

下面介绍在 DALL·E 中添加提示词 C4D Renderer 生成三维模型图片效果的操作方法。

步骤 01　在 DALL·E 的输入框内输入相应的提示词，并在提示词后添加 "C4D Renderer"，如图 7-5 所示。

　　一个3D效果的卡通小女孩，穿着裙子，可爱梦幻，C4D Renderer

图 7-5　输入相应的提示词描述

步骤 02　按【Enter】键确认，DALL·E 将生成添加提示词 C4D Renderer 后的图片，效果如图 7-6 所示。

123

图 7-6　DALL·E 根据提示词生成图片效果

> C4D Renderer 指的是 Cinema 4D 软件的渲染引擎。Cinema 4D 是一种拥有多种渲染选项的三维图形制作软件，包括物理渲染、标准渲染，以及快速渲染等方式。

7.1.3　制作虚拟场景

效果展示 Unreal Engine 是由 Epic Games 团队开发的虚幻引擎，它能够创建高品质的三维图像。在 DALL·E 中，使用提示词 Unreal Engine 可以在虚拟环境中创建各种场景和角色，从而实现高度还原真实世界的画面效果，如图 7-7 所示。

图 7-7　添加提示词 Unreal Engine 生成的图片效果

下面介绍在 DALL·E 中添加提示词 Unreal Engine 生成虚幻引擎画面的操作方法。

步骤 01 在 DALL·E 的输入框内输入相应的提示词，并在提示词后添加"Unreal Engine"，如图 7-8 所示。

> 🔗 一片花海，超高清，风景，云，层次分明，色彩丰富，Unreal Engine　　　　⬆

图 7-8　输入相应的提示词描述

步骤 02 按【Enter】键确认，DALL·E 将生成添加提示词 Unreal Engine 后的图片效果，如图 7-9 所示。

图 7-9　DALL·E 根据提示词生成图片效果

7.1.4　提升照片艺术性

效果展示　在使用 DALL·E 生成图片时，添加提示词 Quixel Megascans Render 可以提升 DALL·E 生成图片的艺术性，效果如图 7-10 所示。

图 7-10　添加提示词 Quixel Megascans Render 生成的图片效果

下面介绍使用 DALL·E 提升照片艺术性的具体操作方法。

步骤 01 在 DALL·E 的输入框内输入相应的提示词，并在提示词的后面添加"Quixel Megascans Render"，如图 7-11 所示。

> 一个女孩坐在图书馆里，真实的摄影照片，背面的拍摄角度，温柔安静，长发，
> 蓝色长裙，温柔的阳光，细节清晰，Quixel Megascans Render

图 7-11　输入相应的提示词描述

步骤 02 按【Enter】键确认，DALL·E 将生成添加提示词 Quixel Megascans Render 后的图片，效果如图 7-12 所示。

Here are the wide-format images depicting a girl sitting in a library, designed to resemble a high-quality Quixel Megascans render.

图 7-12　DALL·E 根据提示词生成图片效果

　　Quixel Megascans Render 是指使用 Quixel Megascans 提供的纹理和扫描资产库中的素材进行三维场景或对象的渲染过程。Quixel Megascans 是一个广泛使用的资源库，它包含了各种高质量、高分辨率的环境、表面和材质扫描数据，如砖块、木材、金属、岩石、草地、水等自然和人造材质的详细纹理。

7.1.5　光线追踪效果

效果展示　Ray Tracing（光线追踪）引擎可以在渲染场景时更为准确地模拟光线与物体之间的相互作用，从而创建更逼真的影像效果。使用提示词 Ray Tracing 可以让 DALL·E 生成的场景更逼真，使画面更加自然，效果如图 7-13 所示。

图 7-13　添加提示词 Ray Tracing 生成的图片效果

下面介绍在 DALL·E 中添加提示词 Ray Tracing 的具体操作方法。

步骤 01　在 DALL·E 的输入框内输入相应的提示词，如图 7-14 所示。

> 一辆自行车停靠在街道的一棵树旁，飘落着枫叶，自然光，专业拍摄，Ray Tracing　

图 7-14　输入相应的提示词描述

步骤 02 按【Enter】键确认，DALL·E 将生成添加提示词 Ray Tracing 后的图片，效果如图 7-15 所示。

DALL·E

Here are the square-format images depicting a bicycle parked next to a tree on a street, with falling maple leaves, designed to mimic the quality of a professional photograph with ray tracing.

图 7-15　DALL·E 根据提示词生成图片效果

 Ray Tracing 是一种基于计算机图形学的渲染引擎，它可以在渲染场景的时候更为准确地模拟光线与物体之间的相互作用，从而创建更逼真的影像效果，因此在电影制作、视频游戏和工程可视化等领域非常受欢迎。

7.1.6 体积渲染效果

体积渲染（Volume Rendering）主要用于模拟三维空间中的各种物质，在科幻电影和动画制作上特别常见。通过使用 Volume Rendering 渲染技术，可以产生具有高逼真的画面效果，帮助 DALL·E 作品提升视觉美感。

效果展示 DALL·E 可以使用体积渲染模拟光线、阴影、透视和纹理等视觉效果来创建具有深度和体积感的图像。体积渲染在 DALL·E 中常用于创建逼真的烟雾、火焰、水、云彩等元素，使用该提示词可以捕捉和呈现物质在其内部和表面上产生的亮度、色彩和纹理等特征，效果如图 7-16 所示。

图 7-16　添加提示词 Volume Rendering 生成的图片效果

下面介绍在 DALL·E 中添加提示词 Volume Rendering 的具体操作方法。

步骤 01 在 DALL·E 的输入框内输入相应的提示词，如图 7-17 所示。

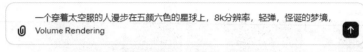

一个穿着太空服的人漫步在五颜六色的星球上，8k分辨率，轻弹，怪诞的梦境，
Volume Rendering

图 7-17 输入相应的提示词描述

步骤 02 按【Enter】键确认，DALL·E 将生成添加提示词 Volume Rendering 后的图片，效果如图 7-18 所示。

Here are the images of a person in a spacesuit wandering on a vibrant, multicolored planet, captured in a surreal, dreamlike quality.

图 7-18 DALL·E 根据提示词生成图片效果

7.1.7 光线投射效果

效果展示 使用提示词 Ray Casting（光线投射）可以有效地捕捉环境和物体之间的光线交互过程，还能在虚拟环境中控制光线、角度、景深等，并以更精确的方式模拟每个像素点的光照情况，实现更为逼真的画面渲染效果，如图 7-19 所示。

图 7-19 添加提示词 Ray Casting 生成的图片效果

下面介绍在 DALL·E 中添加提示词 Ray Casting 的具体操作方法。

步骤 01 在 DALL·E 的输入框内输入相应的提示词，如图 7-20 所示。

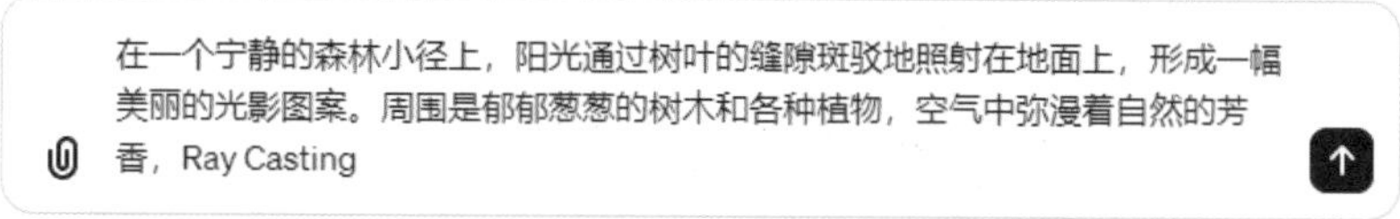

在一个宁静的森林小径上，阳光通过树叶的缝隙斑驳地照射在地面上，形成一幅美丽的光影图案。周围是郁郁葱葱的树木和各种植物，空气中弥漫着自然的芳香，Ray Casting

图 7-20 输入相应的提示词描述

步骤 02 按【Enter】键确认，DALL·E 将生成添加提示词 Ray Casting 后的图片，效果如图 7-21 所示。

DALL·E

The images showcasing the tranquil forest path with sunlight filtering through the leaves, casting beautiful patterns of light and shadow on the ground, are ready above.

图 7-21 DALL·E 根据提示词生成图片效果

> **温馨提示** Ray Casting 渲染技术通常用于全景渲染、特效制作、建筑设计等领域。Ray Casting 渲染技术能够模拟出各种通量不同、形态各异且非常立体的复杂场景，包括云朵形态、水滴纹理、粒子分布、光与影的互动等。

7.1.8 物理渲染效果

效果展示 使用提示词 Physically Based Rendering（物理渲染）可以帮助 AI 尽可能地模拟真实世界中的光照、材质和表面反射等物理现象，以达到更加逼真的渲染效果，如图 7-22 所示。

图 7-22 添加提示词 Physically Based Rendering 生成的图片效果

下面介绍在 DALL·E 中添加提示词 Physically Based Rendering 的具体操作方法。

步骤 01 在 DALL·E 的输入框内输入相应的提示词，并在提示词的后面添加 "Physically Based Rendering"，如图 7-23 所示。

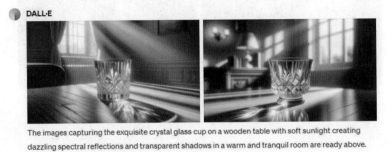

图 7-23 输入相应的提示词描述

步骤 02 按【Enter】键确认，DALL·E 将生成添加提示词 Physically Based Rendering 后的图片，效果如图 7-24 所示。

The images capturing the exquisite crystal glass cup on a wooden table with soft sunlight creating dazzling spectral reflections and transparent shadows in a warm and tranquil room are ready above.

图 7-24 DALL·E 根据提示词生成图片效果

Physically Based Rendering 使用逼真的物理模型来计算光线如何传播和相互作用，从而更加精确地模拟真实世界中的不同光源、材质，以及着色器等特性，从而大大提高单个像素点的色彩稳定性，保持并优化了对自然光的真实再现。

7.2 不同艺术形式的 AI 绘画提示词

艺术形式指的是艺术家创作艺术作品时所采用的各种技术和媒介，它反映了艺术的多样性和创造性，还能够让 AI 绘画作品的表现方式更加多样化和丰富化。本节将通过 DALL·E 介绍不同艺术形式的 AI 绘画，为用户带来艺术上的享受和启迪。

7.2.1 错觉艺术形式

效果展示 错觉艺术（Op art portrait）是一种艺术家基于视觉错觉原理把图画当成是实际生活的艺术，这种艺术形式可以很好地展现出作者的创意和技巧。在使用 DALL·E 时，添加提示词 Op art portrait 可以使画面中的线条、颜色和形状出现视觉上的变化和偏差，效果如图 7-25 所示。

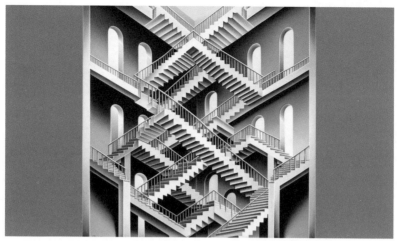

图 7-25　添加提示词 Op art portrait 生成的图片效果

下面介绍通过 DALL·E 使用错觉艺术形式生成 AI 绘画作品的操作方法。

步骤 01 在 DALL·E 的输入框内输入相应的提示词，并在提示词的后面添加"Op art portrait"，如图 7-26 所示。

> 📎 一幅充满错觉的艺术作品，展示一个看似无限延伸的楼梯，既向上又向下，楼梯交错重叠，打破了传统的空间逻辑，超现实视觉体验，Op art portrait　⬆️

图 7-26　输入相应的提示词描述

步骤 02 按【Enter】键确认，DALL·E 将根据提示词生成错觉艺术形式的 AI 绘画作品，效果如图 7-27 所示。

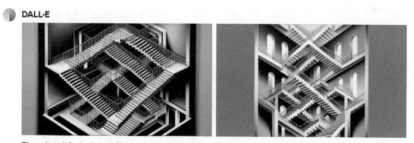

The artwork featuring an illusion of a staircase that appears to endlessly extend both upwards and downwards, creating a surreal visual experience that puzzles and fascinates the viewer, is ready above.

图 7-27　DALL·E 根据提示词生成图片效果

7.2.2 仙姬时尚艺术形式

效果展示 仙姬时尚（Fairy Kei fashion）是一种受到日本动漫文化影响的流行艺术形式，它强调个性化和自我表达，鼓励穿着者以独特和有趣的方式混合和搭配不同的元素。这种艺术形式常常使用卡通图案，如彩虹、星星和心形图案，效果如图 7-28 所示。

图 7-28　添加提示词 Fairy Kei fashion 生成的图片效果

下面介绍通过 DALL·E 使用仙姬时尚艺术形式生成 AI 绘画作品的操作方法。

步骤 01　在 DALL·E 的输入框内输入相应的提示词，并在提示词中添加"Fairy Kei fashion"，如图 7-29 所示。

> 创作一幅展示 Fairy Kei fashion 的插画，模特穿着 Fairy Kei fashion 风格服装，衣服上有星星和彩虹图案的装饰。模特的头发为淡黄色，长而卷曲，佩戴闪亮发饰。闪亮的眼妆和粉色的腮红，背景充满泡泡和彩色气球，柔和梦幻风格

图 7-29　输入相应的提示词描述

步骤 02　按【Enter】键确认，DALL·E 将根据提示词生成仙姬时尚艺术形式的 AI 绘画作品，效果如图 7-30 所示。

DALL·E

The illustrations showcasing Fairy Kei fashion, featuring a model in clothing adorned with stars and rainbow patterns, light yellow curly hair with sparkling accessories, shimmering makeup, and a dreamy background of bubbles and colorful balloons, are ready above.

图 7-30　DALL·E 根据提示词生成图片效果

　　在使用 DALL·E 时，添加提示词 Fairy Kei fashion 可以展示出柔和、温馨的氛围感，提示词中包含这样的描述，AI 绘画将重点放在创造穿着具有这种特定时尚风格的人物或场景上，还可以突出其个性和品位，增加作品的艺术性和鲜明度。

7.2.3 CG 插画艺术形式

CG 插画（CG rendering）是一种依靠计算机创造和处理的电子插画艺术形式，包含了 3D 建模、贴图、动画制作等技术。

效果展示 在 AI 绘画中，CG 插画通常用于特效创作和合成，通过添加电子元素来丰富画面内容，例如虚构的场景、梦幻的背景，或卡通风格的人物形象等，我们可以通过 DALL·E 快速生成这种艺术形式的图片，效果如图 7-31 所示。

图 7-31 添加提示词 CG rendering 生成的图片效果

下面介绍通过 DALL·E 使用 CG 插画艺术形式生成 AI 绘画作品的操作方法。

步骤 01 在 DALL·E 的输入框内输入相应的提示词，并在提示词的后面添加"CG rendering"，如图 7-32 所示。

> 一位穿着未来战士装备的女性站在城市废墟上，背景是落日。她的装备发出冷光，与周围的暗色调形成鲜明对比，营造出强烈的科幻氛围，CG rendering

图 7-32 输入相应的提示词描述

步骤 02 按【Enter】键确认，DALL·E 将根据提示词生成 CG 插画艺术形式的 AI 绘画作品，效果如图 7-33 所示。

DALL·E

The images depicting a female warrior in futuristic armor standing atop urban ruins against the backdrop of a setting sun, creating a vivid sci-fi atmosphere, are ready above.

图 7-33 DALL·E 根据提示词生成图片效果

7.2.4 工笔画艺术形式

效果展示　工笔画（Claborate-style painting）是一种中国传统的绘画艺术形式，通常用于描绘花卉、鸟兽、人像，以及山水名胜等主题，强调细腻的线条表现和色彩细节的描绘，注重物象形态的真实性和层次感的清晰度，效果如图 7-34 所示。

图 7-34　添加提示词 Claborate-style painting 生成的图片效果

下面介绍通过 DALL·E 使用工笔画艺术形式生成 AI 绘画作品的操作方法。

步骤 01　在 DALL·E 的输入框内输入相应的提示词，并在提示词的后面添加"Claborate-style painting"，如图 7-35 所示。

> 📎　创作一幅工笔画，展现传统工笔画的精细和韵味，Claborate-style painting　　⬆

图 7-35　输入相应的提示词描述

步骤 02　按【Enter】键确认，DALL·E 将根据提示词生成工笔画艺术形式的 AI 绘画作品，效果如图 7-36 所示。

图 7-36　DALL·E 根据提示词生成图片效果

7.2.5 木刻版画艺术形式

效果展示　木刻版画（Woodcut printmaking）是一种古老的印刷技术，它属于版画的一种形式。在这种技术中，艺术家先在一块木板上雕刻出所需的图像或文字，然后将这个雕刻过的木板用作印刷板，效果如图 7-37 所示。

图 7-37　添加提示词 Woodcut printmaking 生成的图片效果

下面介绍通过 DALL · E 使用木刻版画艺术形式生成 AI 绘画作品的操作方法。

步骤 01　在 DALL · E 的输入框内输入相应的提示词，并在提示词的后面添加 "Woodcut printmaking"，如图 7-38 所示。

在一片茂密的森林中，一只雄伟的鹿静静地站立，其姿态优雅而庄严。使用木刻版画风格，简洁的线条和自然的纹理，色彩以黑白为主，Woodcut printmaking

图 7-38　输入相应的提示词描述

步骤 02　按【Enter】键确认，DALL · E 将根据提示词生成木刻版画艺术形式的 AI 绘画作品，效果如图 7-39 所示。

DALL·E

The scene has been filled as requested, with the entire canvas covered in the dense forest and the majestic deer standing in the center, all depicted in the detailed woodcut printmaking style.

图 7-39　DALL · E 根据提示词生成图片效果

7.3 不同艺术风格的 AI 绘画提示词

艺术风格是指 AI 绘画作品中呈现出的独特、个性化的风格和审美表达方式，反映了作者对画面的理解、感知和表达。本节将通过 DALL·E 介绍 AI 绘画艺术风格的重点提示词，可以帮助大家更好地提高自己的审美观，并提升图片的品质和表现力。

7.3.1 现实主义风格

效果展示 现实主义（Realism）是一种致力于展现真实生活、真实情感和真实经验的艺术风格，它更加注重如实地描绘自然，探索被摄对象在所处时代、社会、文化背景下的意义与价值，呈现人们亲身体验并能够共鸣的生活场景和情感状态。在 DALL·E 输入框内输入提示词时添加 Realism 能够快速呈现该效果，如图 7-40 所示。

图 7-40　DALL·E 生成现实主义风格作品

在 DALL·E 中，现实主义风格的提示词包括真实生活（Real life）、精确的细节（Precise details）、逼真的肖像（Realistic portrait）、逼真的风景（Realistic landscape）。

下面介绍使用 DALL·E 生成现实主义风格的 AI 绘画作品的操作方法。

步骤 01 在 DALL·E 的输入框内输入相应的提示词，并在提示词的后面添加"Realism"，如图 7-41 所示。

> 黄昏时分，一位老渔夫坐在破旧的木船上，背景是波光粼粼的海面和远处渐渐消
> 失的太阳。他的脸上刻满了岁月的痕迹，Realism

图 7-41　输入相应的提示词描述

步骤 02 按【Enter】键确认，DALL·E 将根据提示词生成现实主义风格的 AI 绘画作品，效果如图 7-42 所示。

The images capture an elderly fisherman sitting in an old wooden boat at dusk, with a background that features a shimmering sea and the slowly setting sun. The realistic style conveys the serene atmosphere, the texture of the boat, and the detailed facial features marked by time, reflecting wisdom and experience.

图 7-42　DALL·E 根据提示词生成图片效果

7.3.2　抽象主义风格

效果展示 抽象主义（Abstractionism）是一种以形式、色彩为重点的艺术流派，通过结合主体对象和环境中的构成、纹理、线条等元素进行创作，将真实的景象转化为抽象的图像，传达出一种突破传统审美习惯的审美意识，在 DALL·E 输入框内输入提示词时添加 Abstractionism 能够快速呈现该效果，如图 7-43 所示。

图 7-43　DALL·E 生成抽象主义风格作品

下面介绍使用 DALL·E 生成抽象主义风格的 AI 绘画作品的操作方法。

步骤 01 在 DALL·E 的输入框内输入相应的提示词，并在提示词的后面添加"Abstractionism"，如图 7-44 所示。

> 沙丘中间有脚印，呈深青铜和深黑色风格，分层制作，拍摄的照片，算法艺术，纹理和分层，创造出一种梦幻般的视觉错觉，Abstractionism

图 7-44　输入相应的提示词描述

步骤 02 按【Enter】键确认，DALL·E 将根据提示词生成抽象主义风格的 AI 绘画作品，效果如图 7-45 所示。

The images feature sand dunes with footprints, rendered in deep bronze and dark black hues, creating a layered abstract composition. This algorithmic art emphasizes texture and layering, presenting a captivating blend of realism and abstractionism.

图 7-45　DALL·E 根据提示词生成图片效果

7.3.3 超现实主义风格

【效果展示】超现实主义（Surrealism）是指一种挑战常规的艺术风格，追求超越现实，呈现出理性和逻辑之外的景象和感受，效果如图 7-46 所示。超现实主义风格倡导通过夸张的手段表达非显而易见的想象和情感，强调表现作者的心灵世界和审美态度。

图 7-46　DALL·E 生成超现实主义风格作品

下面介绍使用 DALL·E 生成超现实主义风格的 AI 绘画作品的操作方法。

步骤 01 在 DALL·E 的输入框中输入相应的提示词，并在提示词后添加 "Surrealism"，如图 7-47 所示。

> 一片浮动的岛屿上有一棵巨大的蓝色玫瑰，周围环绕着色彩斑斓的蝴蝶，透明的鱼群在空中游弋。天空是橘黄色的，地面镜面般反射着异世界的景象，
>
> 🔗 Surrealism

图 7-47　输入相应的提示词描述

步骤 02 按【Enter】键确认，DALL·E 将根据提示词生成超现实主义风格的 AI 绘画作品，效果如图 7-48 所示。

The images depict a fantastical scene with a floating island, a gigantic blue rose at its center, colorful butterflies, and transparent fish swimming through the air. The sky is painted in warm shades of orange and yellow, and the ground mirrors the surreal landscape, creating a magical world where the boundaries between the terrestrial and the aquatic blur.

图 7-48 DALL·E 根据提示词生成图片效果

在 DALL·E 中，超现实主义风格的提示词包括梦幻般的（Dreamlike）、超现实的风景（Surreal landscape）、神秘的生物（Mysterious creatures）、扭曲的现实（Distorted reality）、超现实的静态物体（Surreal still objects）。

7.3.4 极简主义风格

极简主义（Minimalism）是一种强调简洁、减少冗余元素的艺术风格，旨在通过精简的形式和结构来表现事物的本质和内在联系，追求视觉上的简约、干净和平静，让画面更加简洁而具有力量感。

效果展示 极简主义强调形式和构图的纯粹性，通过干净的线条和几何形状，展示艺术作品的结构美，效果如图 7-49 所示。

图 7-49 DALL·E 生成极简主义风格作品

下面介绍使用 DALL·E 生成极简主义风格的 AI 绘画作品的操作方法。

步骤 01 在 DALL·E 的输入框内输入相应的提示词，并在提示词的后面添加 "Minimalism"，如图 7-50 所示。

> 一只鸟在亚洲建筑上方飞翔，极简主义黑白风格，宁静和谐，简单，Minimalism ⬆

图 7-50 输入相应的提示词描述

步骤 02 按【Enter】键确认，DALL·E 将根据提示词生成极简主义风格的 AI 绘画作品，效果如图 7-51 所示。

图 7-51 DALL·E 根据提示词生成图片效果

7.3.5 流行艺术风格

效果展示 流行艺术（Pop art）风格是指在特定时期或一段时间内，具有代表性和影响力的艺术形式或思潮，具有鲜明的时代特征和审美风格，效果如图 7-52 所示。

图 7-52 DALL·E 生成流行艺术风格作品

下面介绍使用 DALL·E 生成流行艺术风格的 AI 绘画作品的操作方法。

步骤 01 在 DALL·E 的输入框内输入相应的提示词，并在提示词的后面添加 "Pop art"，如图 7-53 所示。

一位身穿背带裤的金发女子，采用拼色艺术风格，浅白色和天蓝色，基于网格，大胆的颜色，分层纹理和图案，Pop art

图 7-53　输入相应的提示词描述

步骤 02 按【Enter】键确认，DALL·E 将根据提示词生成流行艺术风格的 AI 绘画作品，效果如图 7-54 所示。

Here are the images based on your description. If you need any adjustments or have another request, feel free to let me know!

图 7-54　DALL·E 根据提示词生成图片效果

流行艺术的风格和表现手法受到商业广告和产品包装设计的影响，强调视觉吸引力和直接传达信息的能力，通常使用鲜艳、对比强烈的颜色，并采用简单明快的线条和形状，以产生视觉冲击力。

7.3.6 街头艺术风格

效果展示 街头艺术（Street）也称为城市艺术或涂鸦艺术，是一种在公共空间应用的视觉艺术形式，通常具有鲜明的色彩、大胆的线条和创意的设计，旨在吸引行人的注意并引发思考，效果如图 7-55 所示。

图 7-55　DALL·E 生成街头艺术风格作品

下面介绍使用 DALL·E 生成街头艺术风格的 AI 绘画作品的操作方法。

步骤 01 在 DALL·E 的输入框内输入相应的提示词，并在提示词的后面添加 "Street"，如图 7-56 所示。

> 想象一幅充满活力的街头艺术作品，它在一座砖墙上展现，这幅作品由喷漆创作而成，作品中有一张男人的脸，以黑色和灰色勾勒，营造出一种街头艺术效果，Street

图 7-56 输入相应的提示词描述

步骤 02 按【Enter】键确认，DALL·E 将根据提示词生成街头艺术风格的 AI 绘画作品，效果如图 7-57 所示。

Here are the vibrant street art pieces displayed on a brick wall, created with spray paint. Each artwork showcases a man's face outlined in black and gray, embodying the essence of street art.

图 7-57 DALL·E 根据提示词生成图片效果

 在 AI 绘画中，街头摄影风格的提示词包括涂鸦喷漆（Graffiti painting）、街头生活（Street life）、鲜艳色彩（Bright colors）、街头肖像（Street portraits）。

本章小结

本章主要向读者介绍了在 DALL·E 中提升出图品质的 AI 绘画提示词，其中包括不同渲染品质的 AI 绘画提示词、不同艺术形式的 AI 绘画提示词，以及不同艺术风格的 AI 绘画提示词，使大家对 AI 功能的理解更进一步。

课后实训

效果展示 让 DALL·E 生成一张超现实主义风格的插画，效果如图 7-58 所示。

图 7-58 超现实主义风格插画效果

下面介绍具体的操作方法。

步骤 01 在 DALL·E 的输入框内输入相应的提示词，并在提示词的后面添加"Surrealism"，如图 7-59 所示。

> 天空中的城堡，重力颠覆建筑，梦幻般的，雾蒙蒙的哥特式，超现实主义景观，
> 📎 高分辨率，Surrealism

图 7-59 输入相应的提示词描述

步骤 02 按【Enter】键确认，DALL·E 将根据提示词生成超现实主义风格的 AI 绘画作品，效果如图 7-60 所示。

DALL·E

Here are the surreal landscapes featuring castles in the sky, where architecture defies gravity amidst a dreamlike, mist-enshrouded Gothic setting.

图 7-60 DALL·E 根据提示词生成图片效果

第 8 章 案例实战：
创作高质量 AI 绘画效果

AI 绘画可以为艺术家提供创作灵感，同时也可以应用于艺术
插画、海报设计、工业设计、商业 Logo 等领域，提高了效率并
降低了成本，拓展了艺术创作的可能性。本章将通过 DALL·E 介
绍 4 种不同领域 AI 绘画作品范例的制作流程。

8.1 艺术插画案例

艺术插画通常是指专门为了补充、解释或装饰文字而创作的图像。它可以出现在书籍、杂志、广告、电影、动画甚至是网页上。与纯粹为了艺术本身而创作的作品不同，插画的主要目的在于通过视觉手段传达特定的信息或情感。本节将使用 DALL·E 等工具通过范例的形式介绍艺术插画，帮助用户更好地理解 AI 插画的功能。

8.1.1 连环漫画

效果展示 连环漫画是一种将连续的图画和文字结合在一起，以叙述故事或传达信息的艺术形式。连环漫画中通常包括人物、场景和动作，它们被安排在页面上的不同框架中，读者按照一定顺序阅读这些画格，以理解故事发展脉络，效果如图 8-1 所示。

图8-1　DALL·E生成连环漫画效果

下面介绍生成连环漫画的具体操作方法。

步骤 01 在 DALL·E 的输入框内输入相应的提示词，如图 8-2 所示。

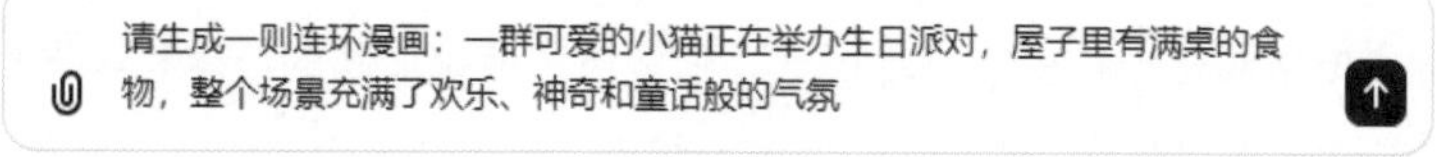

> 请生成一则连环漫画：一群可爱的小猫正在举办生日派对，屋子里有满桌的食物，整个场景充满了欢乐、神奇和童话般的气氛　↑

图8-2　输入相应的提示词描述

步骤 02 按【Enter】键确认，DALL·E 将根据提示词生成相应的连环漫画，效果如图 8-3 所示。

Here's the comic strip featuring the adorable kittens hosting their birthday party. I hope it captures the joyful, magical atmosphere you're looking for!

图8-3　DALL·E生成连环漫画效果

步骤 03 在同一个输入框内继续输入提示词，如图 8-4 所示。

> 我希望漫画中加入一些对话，对话的内容是关于庆祝生日的

图8-4　输入相应的提示词描述

步骤 04 按【Enter】键确认，即可让 DALL·E 生成加入了对话后的连环漫画，效果如图 8-5 所示。

I've added dialogue to the comic strip, with the kittens celebrating the birthday in cheerful conversation. Enjoy the festive atmosphere!

图8-5　DALL·E生成加入对话后的连环漫画效果

　　需要注意的是，目前，DALL·E 还无法正确地生成中文字体效果，并且 AI 生成的文字内容可能会发生错误，用户需要自行判断。

8.1.2 油画风格插画

效果展示 油画风格插画是一种视觉艺术形式，它模仿了传统油画的技术和美学特征，将其应用于插画创作中。我们可以通过输入提示词，让 DALL·E 进行绘制，从而快速生成油画风格的插画，效果如图 8-6 所示。

图8-6　DALL·E生成油画风格插画效果

下面介绍生成油画风格插画的具体操作方法。

步骤 01　在 DALL·E 的输入框内输入相应的提示词，如图 8-7 所示。

> 📎 生成油画风格的插画：明亮的星空背景、波光粼粼的大海、远处的帆船、星空背景下的月亮。强调夜晚的宁静和神秘，突出星星和波浪的细节　⬆

图8-7　输入相应的提示词描述

步骤 02　按【Enter】键确认，DALL·E 将根据提示词生成油画风格的插画，效果如图 8-8 所示。

🔵 **DALL·E**

Here are the illustrations in the oil painting style you requested, featuring a bright starry sky, the shimmering sea, a distant sailboat, and the moon against the starry backdrop, emphasizing the tranquility and mystery of the night.

🗍 ↺ 👎

图8-8　DALL·E生成油画风格的插画效果

> **温馨提示**　需要注意的是，目前，DALL·E 仅支持生成 1024×1024 像素、1792×1024 像素，以及 1024×1792 像素的图片，用户可以根据自身需求去改变图片的尺寸。

8.1.3　民俗节日插画

效果展示　民俗节日插画是具体呈现和庆祝特定文化和地区传统民俗节日的插画类型，这种插画通常包含了与该节日相关的元素，有助于我们理解这些节日的独特意义，我们可以通过 DALL·E 快速生成民俗节日插画，效果如图 8-9 所示。

图8-9　DALL·E生成民俗节日插画效果

下面介绍生成民俗节日插画的具体操作方法。

步骤 01 向 ChatGPT 获取生成民俗插画的提示词。在输入框中输入相应的提示词，如图 8-10 所示。

> 请根据民俗节日插画给我提供一段AI绘画提示词示例，要求突出节日的特点，字数控制在 150 字左右

图8-10　向ChatGPT获取插画的提示词

步骤 02 将获取到的提示词输入到 DALL·E 的输入框中，如图 8-11 所示。

> 生成一张插画，主要元素是一只可爱的兔子坐在皎洁的月光下，手中抱着一个月饼。背景是夜空中明亮的满月和点缀的星星，周围布满桂花树和飘散的桂花香。兔子身边摆放着几个不同形状和花纹的灯笼，营造出温馨和祥和的节日氛围，画面中还应体现一些传统的中秋元素，如茶具，以强调中秋节的文化和传统

图8-11　输入相应的提示词描述

步骤 03 按【Enter】键确认，DALL·E 将生成民俗节日插画，效果如图 8-12 所示。

Here are the illustrations based on your description. Each image captures the essence of a cozy Mid-Autumn Festival scene with a cute rabbit, a bright moon, osmanthus trees, lanterns, and traditional elements like tea sets.

图8-12　DALL·E生成民俗节日插画效果

8.2 海报设计案例

海报设计是一种视觉传达艺术，用于创造吸引目光的图像和文字布局，以传达信息、宣传活动、突出产品特点等。海报通常结合使用引人注目的图像、醒目的颜色和易于理解的文字。本节将使用 DALL·E 等工具进行海报设计，帮助用户提升 AI 绘画的操作水平。

8.2.1 电影海报设计

效果展示 电影海报是一种专门为电影制作的视觉艺术作品，用于宣传和营销电影。电影海报的设计目的是吸引潜在观众的注意，激发他们对电影的兴趣，并传达电影的主题或情感基调。我们可以通过 DALL·E 来快速设计电影海报，效果如图 8-13 所示。

图8-13　DALL·E生成电影海报效果

下面介绍生成电影海报的具体操作方法。

步骤 01 在 DALL·E 的输入框中输入"生成一个科幻题材的电影海报"，如图 8-14 所示。

生成一个科幻题材的电影海报

图8-14　输入相应的提示词描述

步骤 02 按【Enter】键确认，DALL·E 将根据提示词生成相应的电影海报，效果如图 8-15 所示。

步骤 03 在输入框中继续输入"给海报添加一个主题，主题的内容为'战斗机械犬'，要求突出主题的风格特点"，按【Enter】键确认，DALL·E 将根据提示词生成添加主题后的电影海报，效果如图 8-16 所示。

Here are the futuristic sci-fi movie posters I created based on your request. Each one captures a unique vision of the advanced cityscape and the mysterious hero.

图8-15　DALL·E生成电影海报效果

I've updated the posters to include the theme 'Battle Mech Dogs', showcasing their powerful presence and the heightened tension in the scene.

图8-16　DALL·E生成添加主题后的电影海报效果

8.2.2 广告海报设计

效果展示　广告海报设计是一种视觉传达形式，用于创作商业推广和广告的海报，它结合使用图像、文字、颜色和其他设计元素，目的在于吸引目标受众的注意力，传达有关产品、服务或品牌的信息，并激发消费者的兴趣或行动。广告海报通常使用鲜明的颜色、引人注目的图像和创意的布局来吸引观众的注意力，效果如图 8-17 所示。

图8-17　DALL·E生成广告海报效果

下面介绍生成广告海报的具体操作方法。

步骤 01　在输入框中输入相应的提示词，按【Enter】键确认，ChatGPT 将提供生成气泡水广告海报的提示词，具体示例如下。

RI **提问**

请提供一段关于气泡水广告海报设计的 AI 绘画提示词示例，字数控制在 100 字左右

ChatGPT

想象一个清新夏日的气泡水广告海报。画面中心是一瓶冰凉的气泡水，周围装饰着新鲜的柠檬片和薄荷叶，散发出令人神清气爽的气息。背景是一片蔚蓝的海洋和明媚的阳光，营造出一种清凉解渴的氛围。海报的色彩以清新的蓝色和绿色为主，贴合夏日清凉的主题。

步骤 02 将获取到的提示词输入到 DALL·E 的输入框中，按【Enter】键确认，即可生成气泡水的广告海报，效果如图 8-18 所示。

图8-18　DALL·E生成气泡水广告海报效果

8.2.3 活动海报设计

效果展示 活动海报设计是指为特定活动创作的视觉传达作品，如音乐会、艺术展览、剧院演出、节日庆典等。这类海报的目的是通过使用鲜明的色彩和创意的布局设计，吸引公众的注意力，提供活动的关键信息，并激发人们对该活动的兴趣，效果如图 8-19 所示。

图8-19　DALL·E生成活动海报效果

下面介绍生成活动海报的具体操作方法。

步骤 01 在输入框中输入相应的提示词，按【Enter】键确认，ChatGPT 将提供生成音乐会活动海报的提示词，具体示例如下。

 提问

请提供一段音乐会活动海报设计的 AI 绘画提示词示例，字数控制在 100 字左右

 ChatGPT

设想一个充满活力的音乐会活动海报设计。画面以鲜艳的色彩为背景，中央是一支正激情演奏的乐队，周围散发出光芒和音符。海报上方醒目位置写着活动名称和日期，整体设计展现出音乐的力量和活动的热情氛围。

步骤 02 将获取到的提示词输入到 DALL·E 的输入框中，按【Enter】键确认，即可生成音乐会的活动海报，效果如图 8-20 所示。

图8-20 DALL·E生成音乐会活动海报效果

8.3 商业Logo案例

Logo（标志）是一个特定品牌、组织、产品或服务的图形化符号或标识，它是一种简洁而独特的设计，通常由特定的图形或字母构成。本节将通过 DALL·E 介绍不同的商业 Logo 制作范例，帮助大家熟练掌握 AI 绘画的技巧。

8.3.1 平面矢量Logo

效果展示 平面矢量 Logo 是一种灵活、多用途，且易于使用的设计形式，适用于各种品牌和标志设计，

这种设计要避免使用复杂的图案、阴影、渐变或其他三维效果，最好使用简单的图形、直接的线条和块状颜色，效果如图 8-21 所示。

图8-21　DALL·E生成平面矢量Logo效果

下面介绍生成平面矢量 Logo 的具体操作方法。

步骤 01 在 DALL·E 的输入框中输入相应的提示词，如图 8-22 所示。

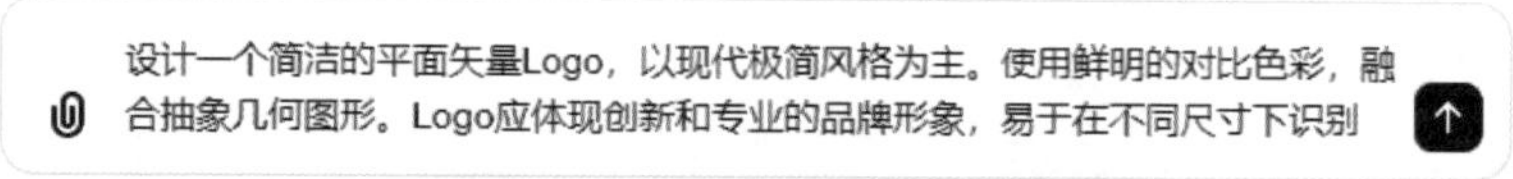

> 📎 设计一个简洁的平面矢量Logo，以现代极简风格为主。使用鲜明的对比色彩，融合抽象几何图形。Logo应体现创新和专业的品牌形象，易于在不同尺寸下识别　↑

图8-22　输入相应的提示词描述

步骤 02 按【Enter】键确认，即可让 DALL·E 生成平面矢量 Logo，效果如图 8-23 所示。

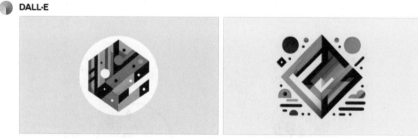

Here are the designed logos, showcasing modern minimalism with striking contrast colors and abstract geometric shapes. These designs aim to reflect an innovative and professional brand image in a wide format.

图8-23　DALL·E生成平面矢量Logo效果

8.3.2 美妆品牌Logo

效果展示 Logo 是品牌标识的核心，使用 AI 工具可以快速提供 Logo 设计方案，加快设计进程，效果如图 8-24 所示。

图8-24　DALL·E生成美妆品牌Logo效果

下面介绍生成美妆品牌 Logo 的具体操作方法。

步骤 01 在输入框中输入相应的提示词，按【Enter】键确认，即可让 ChatGPT 提供生成美妆品牌 Logo 的 AI 绘画提示词，具体示例如下。

> **RI 提问**
> 请提供一段美妆品牌 Logo 的 AI 绘画提示词，字数控制在 70 字左右，要求突出品牌的特点

> **ChatGPT**
> 设计一个专注于自然成分和可持续性的美妆品牌 Logo。使用绿色和褐色调来体现自然元素，结合简洁的叶子或花卉图案，突出品牌的环保理念和纯净美学。

步骤 02 将获取到的提示词输入到 DALL·E 的输入框中，按【Enter】键确认，即可生成美妆品牌 Logo，效果如图 8-25 所示。

图8-25　DALL·E生成美妆品牌Logo效果

用户在使用 DALL·E 生成 Logo 时，可以指定 Logo 中的颜色、图标、字体风格等偏好，以确保输出的 Logo 符合品牌身份。

8.4 工业设计案例

工业设计是一种专注于制造工业产品的设计和艺术，它将观赏性和实用性有机结合，目的是设计出满足用户需求和期望的产品。本节将以范例的形式介绍使用 DALL·E 进行工业设计的操作方法。

8.4.1 产品设计

效果展示 产品设计是指设计一个产品的过程，它涉及想象、规划和实现一个新产品或改善现有产品的步骤，设计师将确定具体的材料、尺寸、颜色和其他细节。我们可以通过 DALL·E 来快速进行产品设计，效果如图 8-26 所示。

图8-26 DALL·E生成产品设计效果

下面介绍生成产品设计的具体操作方法。

步骤 01 在 ChatGPT 的输入框中输入"产品设计中有哪些常见的产品类型？"，按【Enter】键确认，即可让 ChatGPT 提供产品设计的信息，具体示例如下。

 提问

产品设计中有哪些常见的产品类型？

 ChatGPT

产品设计是一个多元化的领域，涉及众多行业和职位。产品类型多样，涵盖了从日常用品到高科技设备的众多物品。以下是一些常见的产品类型：

1. **消费电子产品**：包括手机、平板电脑、笔记本电脑、智能手表等个人电子设备。这些产品设计注重用户界面和用户体验的优化，以及优雅的外观和便携性。

2. 家用电器：如冰箱、洗衣机、空调、微波炉等。这类产品设计需要考虑到功能性、耐用性、能效，以及用户操作的便捷性。

3. 家具和家居装饰：包括桌椅、沙发、灯具等。设计时不仅要考虑美学和舒适性，还要考虑到材料的选择和环境的适应性。

4. 玩具和游戏：设计旨在创造有趣、教育性强且安全的产品，适合不同年龄段的用户。

5. 运动和休闲产品：如健身器材、户外运动装备、旅行用品等。这些设计注重产品的耐用性、功能性，以及对用户体能提升的支持。

步骤 02 继续在 ChatGPT 中输入"请根据以上信息，提供一段关于台灯的 AI 绘画提示词示例，字数控制在 80 字左右"，按【Enter】键确认，即可生成相应的提示词，具体的示例如下。

 提问

请根据以上信息，提供一段关于台灯的 AI 绘画提示词示例，字数控制在 80 字左右

 ChatGPT

设计一款新型的桌面 LED 灯，其外形优雅且现代，采用流线型的设计，表面为哑光黑色。灯体轻巧，底座稳固，可调节的灯臂和头部让用户能够轻松调整光线方向，适合阅读和工作环境。

步骤 03 将获取到的提示词输入到 DALL·E 的输入框中，按【Enter】键确认，即可生成台灯的产品设计图，效果如图 8-27 所示。

Here are two designs for an innovative desktop LED lamp, characterized by its elegance, modern appearance, streamlined design, and matte black surface.

图8-27　DALL·E生成产品设计效果

8.4.2 包装设计

效果展示 包装设计是一种集艺术、科学与商业于一体的创造性过程，涵盖了从材料选择、结构设计到图形和文字设计的整个过程，能保护产品，传达信息，吸引消费者。使用 DALL·E 可以快速生成理想的包装设计，效果如图 8-28 所示。

图8-28　DALL·E生成包装设计效果

下面介绍生成包装设计的具体操作方法。

步骤 01 向 ChatGPT 获取包装设计的信息，在输入框中输入"有哪些常见的包装设计？"，按【Enter】键确认，即可得到 ChatGPT 提供的不同类型的包装设计信息，具体示例如下。

 提问

有哪些常见的包装设计？

 ChatGPT

包装设计涉及广泛的领域，它覆盖了多种不同的市场和产品类型。以下是一些常见领域的包装设计：

1. 食品和饮料包装设计：这可能是最广泛的领域之一，包括零食、冷冻食品、饮料、调味品等的包装。在这个领域，包装设计旨在吸引消费者的注意力，同时提供产品信息和保持产品的新鲜度。

2. 化妆品和美容产品包装设计：在这个领域，包装设计不仅要吸引消费者，还要传达产品的品质和使用体验。它通常包括化妆品、护肤品、香水等产品。

3. 医药和健康产品包装设计：这个领域的包装设计需要考虑到安全性、易用性和信息清晰性，以确保用户正确使用产品。它涵盖了药品、营养保健品、医疗器械等。

4. 电子产品包装设计：随着科技产品日益普及，其包装设计变得极其重要。这种类型的包装设计旨在保护产品，同时展示产品的特性和优势。

这些仅仅是包装设计领域的一部分，设计师需要考虑到目标市场的产品特性、品牌价值和可持续性等因素来创建有效的包装设计。

步骤 02 继续在 ChatGPT 中输入"请提供一段护肤品包装设计的 AI 绘画提示词示例，字数控制在 100 字左右"，按【Enter】键确认，即可获取提示词，具体示例如下。

 提问

请提供一段护肤品包装设计的 AI 绘画提示词示例，字数控制在 100 字左右

ChatGPT

想象一个高端护肤品的包装设计，体现出纯净、自然和奢华的风格。使用柔和的色调，比如浅绿色或天蓝色，加上金色或银色的细节来突出其高端特质。包装应该简洁而有质感，包含精致的植物或花卉图案，以传达产品的天然成分和温和护肤理念。

步骤 03 将获取到的提示词输入到 DALL · E 的输入框中，按【Enter】键确认，即可生成护肤品的包装设计，如图 8-29 所示。

图8-29　DALL · E生成包装设计效果

8.4.3　建筑设计

效果展示 建筑设计是指创建建筑物并规划其结构的过程，最终目的是使建筑物做到适用、经济、坚固、美观，我们可以通过 DALL · E 来快速进行建筑设计，效果如图 8-30 所示。

图8-30　DALL · E生成建筑设计效果

下面介绍生成建筑设计的具体操作方法。

步骤 01 向 ChatGPT 获取建筑设计的信息，在输入框中输入"有哪些类型的建筑设计？"，按【Enter】键确认，即可得到 ChatGPT 提供的不同类型的建筑设计信息，具体示例如下。

提问

有哪些类型的建筑设计？

ChatGPT

建筑设计包含多种类型，每种类型都有特定的功能、风格和建造技术。以下是一些主要的建筑设计类型：

1. 住宅建筑设计：这是建筑设计中最常见的类型，包括单户住宅、公寓、别墅等。住宅设计注重居住的舒适性和功能性，同时也会考虑到美观和个性化。

2. 商业建筑设计：包括办公楼、商场、酒店、会议中心等。这类设计强调空间的有效利用、商业价值的最大化，以及顾客的体验。

3. 教育建筑设计：如学校、图书馆等教育机构。这种类型的设计注重创造有利于学习和教育的环境，包括充足的自然光、宽敞的教室和适宜的学习氛围。

4. 医疗建筑设计：包括医院、诊所、研究所等。医疗建筑设计需要特别考虑功能性和卫生安全，以及患者和医务人员的舒适和便利。

5. 工业建筑设计：涉及工厂、仓库、研发中心等。这类设计注重建筑的功能性和效率，以适应生产和物流的需求。

每种类型的建筑设计都有其特定的要求和挑战，设计师需要根据项目的具体需求来选择合适的设计策略和技术。

步骤 02 继续在 ChatGPT 中输入"请根据住宅建筑设计的信息，提供一段别墅的建筑设计 AI 绘画提示词示例，字数控制在 100 字左右"，按【Enter】键确认，即可生成别墅建筑设计的提示词，具体示例如下。

提问

请根据住宅建筑设计的信息，提供一段别墅的建筑设计 AI 绘画提示词示例，字数控制在 100 字左右

ChatGPT

在一个宁静的郊区，有一座现代风格的两层别墅，其设计以大量的玻璃窗和平滑的白色外墙为特色。别墅前有一个精心设计的庭院，庭院内有一片绿色草坪和几棵装饰性强的小树。屋顶设有绿色植被，既美观又环保。别墅的设计强调自然光的最大化利用和室内外空间的流畅连接。

步骤 03 将获取到的提示词输入到 DALL·E 的输入框中，按【Enter】键确认，即可生成别墅建筑设计，如图 8-31 所示。

Here are two images of the modern villa by a tranquil lake, designed as you described. Each image showcases the villa's extensive use of glass walls, sleek architectural lines, and the harmonious blend of natural elements with modern design.

图8-31　DALL·E生成别墅建筑设计效果

本章小结

本章主要介绍了使用 DALL·E 生成不同种类的 AI 绘画案例，其中包括艺术插画案例、海报设计案例、商业 Logo 案例，以及工业设计案例，通过本章的学习，读者了解了不同的 AI 绘画种类，能够更加熟练地操作 DALL·E。

课后实训

效果展示 让 DALL·E 生成一款耳机的包装设计，效果如图 8-32 所示。

图8-32 耳机的包装设计效果

下面介绍具体的操作方法。

步骤 01 在 DALL·E 中输入相应的提示词，如图 8-33 所示。

> 绘制一款创新且时尚的耳机包装设计，包装呈光滑的矩形盒型，以鲜明的黄色调为主

图8-33 输入相应的提示词描述

步骤 02 按【Enter】键确认，DALL·E 即可生成耳机包装设计，效果如图 8-34 所示。

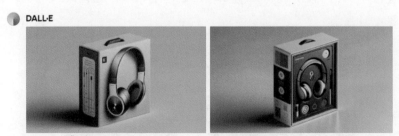

DALL·E

Here are the innovative and stylish headphone packaging designs, featuring a smooth rectangular box shape with a bright yellow color scheme, designed to catch the eye and appeal to contemporary tastes.

图8-34 DALL·E根据提示词生成耳机包装设计效果

AI 视频篇

第 9 章 CapCut:
直接通过 ChatGPT 4 生成视频

用户只需要提供相应的提示词，就可以通过 ChatGPT 中的
GPTs 创建视频内容。这种类型的视频利用深度学习算法，能够
减少时间成本。本章将介绍使用 ChatGPT 通过 CapCut VideoGPT
进行视频创作的方法，帮助大家掌握 GPTs 的使用技巧。

9.1 安装与使用

ChatGPT 不仅能够生成文字内容，还可以通过 GPTs 解锁视频编辑功能，而其中的 CapCut VideoGPT 对于视频编辑尤为擅长。本节将详细介绍 CapCut VideoGPT 的安装与使用方法，帮助用户更快掌握该 GPTs 的功能。

9.1.1 什么是CapCut VideoGPT

CapCut 是字节跳动公司在海外推出的一款视频编辑工具，带有全面的剪辑功能，支持变速、美颜，以及多样化的滤镜等效果，并有丰富的曲库资源，因其 Logo 和功能均与国内的剪映相同，所以也被视为"海外版剪映"。

在 ChatGPT 中，我们可以以 GPTs 的形式使用 CapCut，也就是 CapCut VideoGPT，将 CapCut 强大的视频编辑功能与 ChatGPT 的文字生成功能相结合。只需要向 CapCut VideoGPT 提供相应的提示词，即可实现用 ChatGPT 剪辑视频的目的，如图 9-1 所示。

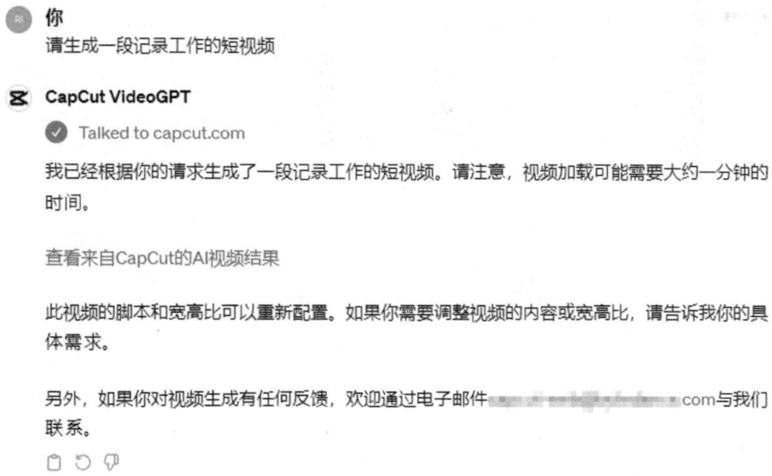

图9-1　CapCut VideoGPT根据提示词生成视频链接

9.1.2 搜索并安装GPTs

要想使用 CapCut VideoGPT，我们首先要在 ChatGPT 的 GPTs 商店中搜索并安装 CapCut VideoGPT，具体的操作方法如下。

步骤 01　进入 ChatGPT 主页，单击侧边栏中的"探索 GPTs"按钮，如图 9-2 所示。

步骤 02　执行操作后，即可进入 GPTs 商店页面，在输入框中输入 CapCut，在弹出的列表框中选择

CapCut VideoGPT 选项，如图 9-3 所示。

步骤 03 跳转至新的 ChatGPT 页面，此时我们正处在 CapCut VideoGPT 的操作界面中，单击左上方 CapCut VideoGPT 旁边的下拉按钮 ﹀，在弹出的列表框中选择"保持在侧边栏"选项，如图 9-4 所示，即可将 GPTs 保留在侧边栏中。

图9-2　单击"探索GPTs"按钮

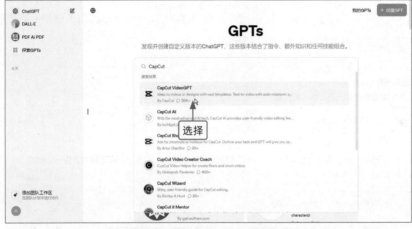

图9-3　选择CapCut VideoGPT选项

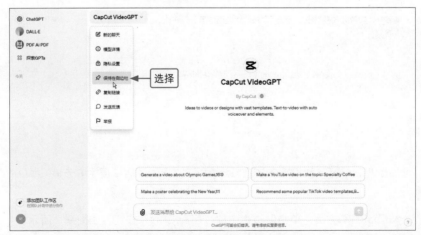

图9-4　选择"保持在侧边栏"选项

9.1.3 GPTs的使用方法

安装完成后，就可以使用 CapCut VideoGPT 进行视频创作了，下面介绍详细的操作方法。

步骤 01　在 CapCut VideoGPT 的输入框中输入相应的提示词，如图 9-5 所示。

图9-5　输入相应的提示词

步骤 02　按【Enter】键确认，CapCut VideoGPT 将生成视频的链接，如图 9-6 所示。

CapCut VideoGPT

✓ Talked to capcut.com

已根据您的请求生成了记录工作的短视频。您可以通过以下链接观看视频：观看由CapCut生成的 AI视频结果。请注意，点击视频链接时可能需要等待大约一分钟以便视频加载。

此外，如果您希望重新配置脚本和视频的宽高比，或有任何反馈，请联系capcut-██████.com。

图9-6　CapCut VideoGPT生成视频的链接

步骤 03　单击"观看由 CapCut 生成的 AI 视频结果"链接，进入 CapCut 网站，如图 9-7 所示，即可观看或编辑已生成的视频。

图9-7　进入CapCut网站

　　当前的 CapCut VideoGPT 利用公共素材库拼凑视频，与人工剪辑的视频相比还存在着差距，想要让视频的效果更好，需要用户手动进行调整。

9.2 效果的制作

介绍完 CapCut VideoGPT 的安装与使用方法，接下来将向大家展示使用 CapCut VideoGPT 制作各类视频的实战案例，帮助大家快速上手 CapCut VideoGPT。

9.2.1 应用实战：制作科普视频

效果展示 科普视频是一种向公众普及各种知识和方法的视频，内容广泛，涉及历史、艺术、文化、经济、社会科学等多个领域。这些视频的主要目的是通过可视化和易于理解的方式，向公众普及各领域的基础知识和最新发展动态，提高公众的整体知识水平和文化素养。通过 CapCut VideoGPT 可以快速生成此类视频，视频效果展示如图 9-8 所示。

图9-8　科普视频效果展示

下面介绍制作科普视频的具体操作方法。

步骤 01 在 ChatGPT 的输入框中输入相应的提示词，按【Enter】键确认，ChatGPT 将提供生成科普视频的提示词，具体示例如下。

 提问

我正在使用 AI 工具以文字生成视频，现在我需要你为我提供一段可以生成视频的提示词，字数控制在 60 字左右，视频的类型为科普视频

 ChatGPT

探索太阳系的奥秘，从火热的太阳到冰冷的海王星。详解行星特征、卫星轨道，以及人类探索宇宙的伟大里程碑。启发好奇心，拓展知识边界。

步骤 02 切换至 CapCut VideoGPT 模型，在输入框内输入 ChatGPT 提供的生成视频的提示词，如图 9-9 所示。

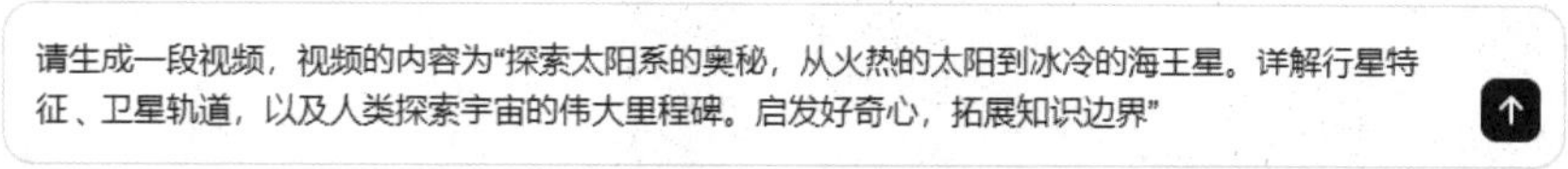

请生成一段视频，视频的内容为"探索太阳系的奥秘，从火热的太阳到冰冷的海王星。详解行星特征、卫星轨道，以及人类探索宇宙的伟大里程碑。启发好奇心，拓展知识边界"

图9-9　ChatGPT生成视频提示词

步骤 03　按【Enter】键确认，CapCut VideoGPT 将通过 ChatGPT 提供的提示词生成视频的链接，如图 9-10 所示。

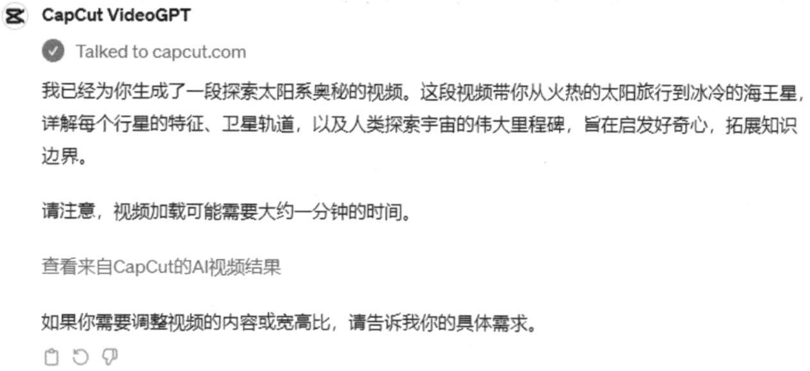

CapCut VideoGPT
Talked to capcut.com
我已经为你生成了一段探索太阳系奥秘的视频。这段视频带你从火热的太阳旅行到冰冷的海王星，详解每个行星的特征、卫星轨道，以及人类探索宇宙的伟大里程碑，旨在启发好奇心，拓展知识边界。
请注意，视频加载可能需要大约一分钟的时间。
查看来自CapCut的AI视频结果
如果你需要调整视频的内容或宽高比，请告诉我你的具体需求。

图9-10　CapCut VideoGPT生成视频的链接

步骤 04　单击"查看来自 CapCut 的 AI 视频结果"链接，进入 CapCut 网站，单击播放按钮●，如图 9-11 所示，即可播放视频。

202402231006
单击
00:00:00

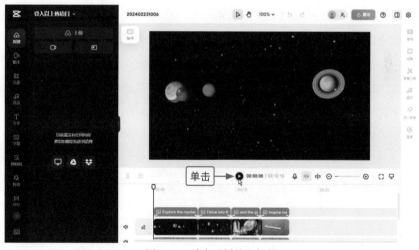

图9-11　单击"播放"按钮

9.2.2 应用实战：制作电影解说视频

效果展示　电影解说视频是一种特定的视频形式，通常在视频平台上发布。这类视频的主要特点是通过旁白解说的方式，对电影的情节、角色、主题，或背后的故事进行详细解析和评论。通过 CapCut 可以快速生成此类视频，视频效果展示如图 9-12 所示。

图9-12 电影解说视频效果展示

下面介绍制作电影解说视频的具体操作方法。

步骤 01 在 ChatGPT 的输入框中输入对话前提，如"你知道什么是电影解说视频吗？"，按【Enter】键确认，ChatGPT 将作出回答，具体示例如下。

 提问

你知道什么是电影解说视频吗？

 ChatGPT

电影解说视频是一种特定的视频形式，通常在视频平台上发布，如 YouTube 或 Bilibili。这类视频的主要特点是通过旁白解说的方式，对电影的情节、角色、主题，或背后的故事进行详细解析和评论。电影解说视频的目的多种多样，包括但不限于：

1. 教育和分析：通过深入分析电影的拍摄技巧、叙事结构、角色发展和主题，帮助观众更深层次的理解电影的内涵。

2. 娱乐：以幽默或轻松的方式对电影进行评论，为观众提供娱乐价值。

3. 批评和评论：提供对电影的批判性看法，包括对其艺术价值、社会影响和技术实现的评价。

4. 情节复述：对电影的情节进行概括和复述，帮助那些没有时间观看整部电影的人快速了解电影内容。

5. 背景介绍：解释电影的历史背景、创作背景或文化背景，帮助观众更好地理解电影内容。

电影解说视频适合各种类型的观众，无论是电影爱好者、学生、电影制作人，还是普通观众，都可以通过这种形式获得知识、洞察力和娱乐。这类视频的制作人通常具有深厚的电影知识，能够提供独到的见解和分析，使观众能够从不同角度欣赏和理解电影。

步骤 02 切换至 CapCut VideoGPT 模型，在输入框内输入"请生成电影《当幸福来敲门》的解说视频"，按【Enter】键确认，ChatGPT 将通过 CapCut VideoGPT 生成相应的视频链接，如图 9-13 所示。

CapCut VideoGPT

Talked to capcut.com

我已为你生成了一段关于电影《当幸福来敲门》的解说视频。这段视频深入探讨了影片中克里斯·加德纳，一个面对失业和无家可归却从未失去希望的人的挣扎与胜利。借助坚定的决心和韧性，加德纳克服了无数困难，为自己和他的儿子赢得了更好的未来。视频旨在启发观众，即使面对逆境，只要坚持不懈和拥有爱，就能获得非凡成就。

请注意，视频加载可能需要大约一分钟的时间。

查看来自CapCut的AI视频结果

如果你有任何关于视频内容或宽高比的调整需求，请随时告诉我。

图9-13 CapCut VideoGPT生成视频链接

步骤 03　单击"查看来自 CapCut 的 AI 视频结果"的链接，进入 CapCut 网站，单击播放按钮▶，
如图 9-14 所示，即可播放视频。

图9-14　单击"播放"按钮

本章小结

本章主要介绍了 ChatGPT 中的 CapCut VideoGPT，详细说明了该 GPTs 的安装与使用方法，并展示了多个制作案例，帮助用户了解使用 CapCut VideoGPT 制作视频的操作技巧。通过本章的学习，读者可以更好地运用 CapCut VideoGPT 进行 AI 视频的制作。

课后实训

效果展示　下面通过 CapCut VideoGPT 制作野生动物视频，效果如图 9-15 所示。

图9-15　野生动物视频效果展示

下面介绍制作野生动物视频的具体操作方法。

步骤 01　在 CapCut VideoGPT 的输入框中输入"生成一个关于野生动物的视频"，按【Enter】键确认，CapCut VideoGPT 将生成相应的视频链接，如图 9-16 所示。

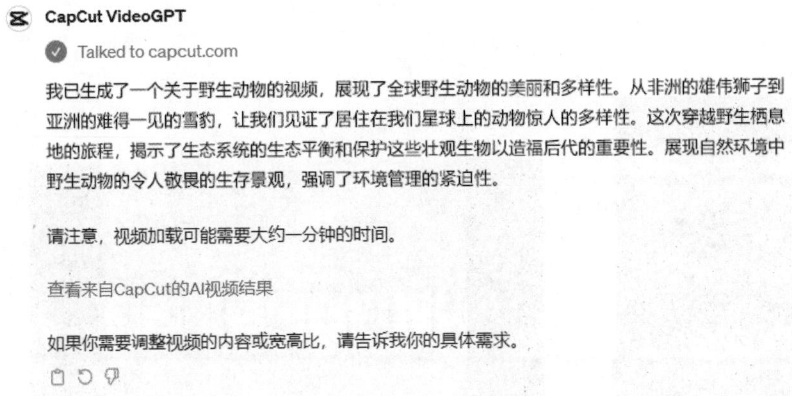

CapCut VideoGPT
Talked to capcut.com
我已生成了一个关于野生动物的视频，展现了全球野生动物的美丽和多样性。从非洲的雄伟狮子到亚洲的难得一见的雪豹，让我们见证了居住在我们星球上的动物惊人的多样性。这次穿越野生栖息地的旅程，揭示了生态系统的生态平衡和保护这些壮观生物以造福后代的重要性。展现自然环境中野生动物的令人敬畏的生存景观，强调了环境管理的紧迫性。
请注意，视频加载可能需要大约一分钟的时间。
查看来自CapCut的AI视频结果
如果你需要调整视频的内容或宽高比，请告诉我你的具体需求。

图9-16　CapCut VideoGPT生成视频链接

步骤 02　单击提供的链接，进入 CapCut 网站，单击播放按钮●，如图 9-17 所示，即可播放视频。

202402280924
100%
單击
00:00:00
00:33:06
Explore the majestic w
From the towering
wildlife offers
Witness the
正常
100%

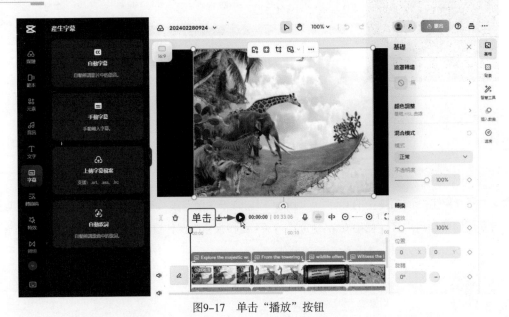

图9-17　单击“播放”按钮

第10章

Visla：
根据指定主题利用公共素材
创建短视频

AI 能够在几分钟甚至几秒钟内生成短视频，极大提高了内容
创作的效率。这对于追求内容快速更新和发布的平台尤为重要。
本章将介绍使用 ChatGPT 通过 Visla Video Maker 生成短视频的方
法，帮助大家快速上手该 GPTs。

10.1 安装与使用

从前面的章节中我们了解到，ChatGPT 可以通过 GPTs 生成视频，而同样拥有视频生成功能的 GPTs 还有 Visla Video Maker。本节将详细介绍 Visla Video Maker 的安装与使用方法，帮助用户熟悉 Visla Video Maker 的基本用法。

10.1.1 什么是Visla Video Maker

Visla Video Maker 是一个专为与 ChatGPT 协作设计的 GPTs，旨在简化和优化视频创建过程。用户只需提供给 Visla Video Maker 相关的提示词，就可以让 Visla Video Maker 轻松生成视频，如图 10-1 所示。

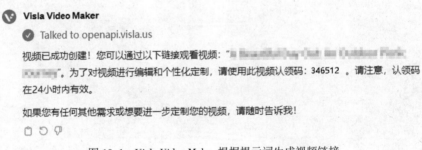

图 10-1　Visla Video Maker 根据提示词生成视频链接

10.1.2 搜索并安装GPTs

首先前往 ChatGPT 的 GPTs 商店，搜索并安装 Visla Video Maker，以便后续的操作，具体的操作方法如下。

步骤 01　进入 GPTs 商店页面，在输入框中输入 Visla Video Maker，在弹出的列表框中选择 Visla Video Maker 选项，如图 10-2 所示。

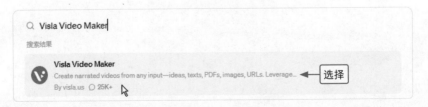

图 10-2　选择 Visla Video Maker 选项

步骤 02 跳转至新的 ChatGPT 页面，此时我们正处在 Visla Video Maker 的操作界面中，单击左上方 Visla Video Maker 旁边的下拉按钮 ˅，在弹出的列表框中选择"保持在侧边栏"选项，如图 10-3 所示，即可将 GPTs 保留在侧边栏中。

图 10-3　选择"保持在侧边栏"选项

10.1.3　GPTs的使用方法

下面详细介绍 Visla Video Maker 的具体使用方法。

步骤 01 在 Visla Video Maker 的输入框中输入相应的提示词，如图 10-4 所示。

图 10-4　输入相应的提示词

步骤 02 按【Enter】键确认，ChatGPT 将通过 Visla Video Maker 生成视频的链接，并提供用来保存或编辑视频的代码，如图 10-5 所示。

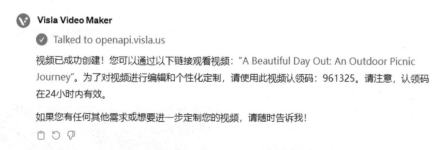

图 10-5　Visla Video Maker 生成视频的链接和代码

步骤 03 单击提供的链接，进入 Visla 网站，如图 10-6 所示，在页面左侧显示着视频的文案脚本，右侧显示生成的视频。

173

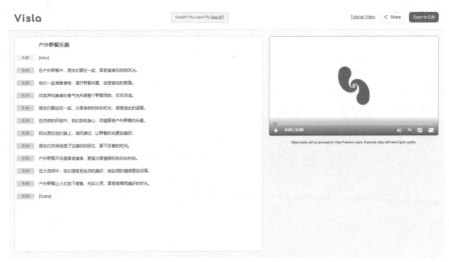

图 10-6 进入 Visla 网站

在生成的视频下角单击播放按钮▶，即可预览视频效果，用户还可以在此调整音量、视频倍速、字幕，以及全屏播放。

10.2 效果的制作

熟悉了 Visla Video Maker 的基本操作方法后，本节将向大家展示使用 Visla Video Maker 制作各类视频的实战案例，使大家对 Visla Video Maker 的了解更加深入。

10.2.1 应用实战：制作美食探店视频

效果展示 美食探店视频是一种以美食为主题的视频，通常由美食博主或视频制作者拍摄和制作。这类视频的主要目的在于发现和分享美味的食物，同时也向观众介绍食材来源、食物的制作过程，以及食物背后的故事等信息。通过 Visla Video Maker 可以快速生成此类视频，视频效果展示如图 10-7 所示。

图 10-7 美食探店视频效果展示

下面介绍制作美食探店视频的具体操作方法。

步骤 01 首先向 ChatGPT 获取生成视频的提示词，在输入框中输入"你是一名美食探店博主，正准备去一家人气很高的餐馆探店，现在需要你为我提供一段美食探店的视频脚本，字数控制在 500 字左右"，按【Enter】键确认，ChatGPT 将生成美食探店的视频脚本，具体示例如下。

 提问

你是一名美食探店博主，正准备去一家人气很高的餐馆探店，现在需要你为我提供一段美食探店的视频脚本，字数控制在 500 字左右

 ChatGPT

在这段美食探店的视频脚本中，我将带领观众体验一次难忘的味觉之旅。

【镜头缓缓拉近，显露出餐馆热闹的外观，人潮汹涌。】

旁白："在这座繁忙的城市中，有一家餐馆总是吸引着众多食客的目光。今天，我们就到这家人气爆棚的美食圣地，一探究竟。"

【镜头转向博主，微笑着走进餐馆。】

博主："大家好，我是今天的美食探店博主。跟随我的镜头，一起来见证这家餐馆的魅力所在。"

【镜头切换，展示餐馆内部装潢和热闹的用餐场景。】

旁白："这家餐馆以其独特的菜品和温馨的用餐环境著称。无论是老饕还是新客，都能在这里找到满意的美味。"

【镜头聚焦于几道招牌菜，慢动作展示食物的细节。】

博主："每一道菜都讲究色香味俱佳，从选材到制作，每一个环节都精益求精。"

【镜头最后定格在博主品尝美食的画面，满意地点头。】

旁白："在这里，每一口美食都能让人忘却烦恼，沉浸在味蕾的盛宴中。如果你也是美食爱好者，这家餐馆绝对值得一探。"

【视频结束，画面渐渐淡出。】

旁白："感谢观看，我们下次探店见。"

这段脚本旨在通过生动的描述和精心挑选的镜头，引导观众感受餐馆的独特魅力和美食的诱惑，激发他们的食欲和探索欲。

步骤 02 让 ChatGPT 基于脚本生成视频提示词，在输入框中输入"请根据这个脚本，生成一段 AI 视频的提示词示例，字数控制在 50 字左右"，具体示例如下。

 提问

请根据这个脚本，生成一段 AI 视频的提示词示例，字数控制在 50 字左右

 ChatGPT

探秘城市热门美食，跟随我们的镜头深入人气餐馆，品尝招牌菜，感受每一道佳肴背后的故事与匠心，开启一场味蕾的盛宴。

步骤 03 切换至 Visla Video Maker 模型，在输入框内输入"生成一段美食探店视频"，并在后面添加 ChatGPT 提供的视频提示词，按【Enter】键确认，Visla Video Maker 将根据提示词生成视频的链接，如图 10-8 所示。

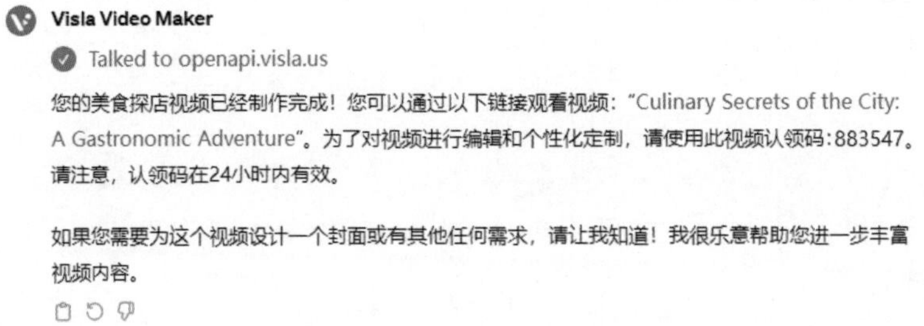

图 10-8　Visla Video Maker 生成视频链接

步骤 04 单击 Visla Video Maker 提供的链接，进入 Visla 网站，单击右上角的 Save to Edit 按钮保存视频以进行编辑，如图 10-9 所示。

图 10-9　单击 Save to Edit 按钮

步骤 05 弹出 Enter Claim Code 对话框，输入 Visla 提供的认领码，单击 Save Video 按钮保存视频，如图 10-10 所示。

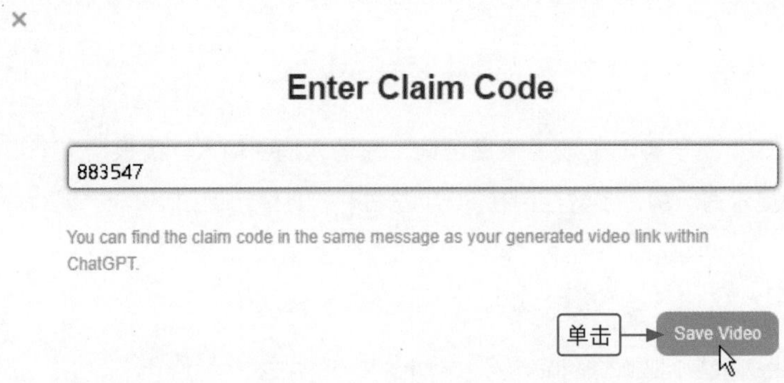

图 10-10　单击 Save Video 按钮

步骤 06 执行操作后，即可进入该视频的编辑界面，如图 10-11 所示。用户可以在该界面对视频进行编辑修改。

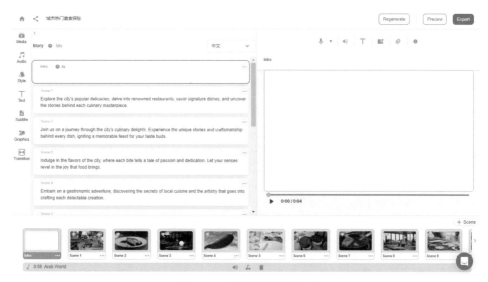

图 10-11　进入视频编辑界面

10.2.2　应用实战：制作运动健身视频

效果展示　运动健身视频是指专门用于指导观众进行体育锻炼或健身活动的视频。这些视频由专业健身教练或有经验的运动爱好者制作，可以针对不同的健身水平、目标和兴趣，提供相应的指导和建议。通过 Visla Video Maker 可以快速生成此类视频，视频效果展示如图 10-12 所示。

图 10-12　运动健身视频效果展示

下面介绍制作运动健身视频的具体操作方法。

步骤 01　首先向 ChatGPT 获取健身运动视频的信息，在输入框中输入"健身运动视频的特点是什么？"，按【Enter】键确认，ChatGPT 将生成健身运动视频的特点，具体示例如下。

 提问

健身运动视频的特点是什么？

 ChatGPT

健身运动视频具有以下特点：

1. 便捷性： 用户可以根据自己的时间安排，在任何地点通过电子设备（如手机、电脑、平板或智能电视）观看和跟随健身视频进行锻炼，无须前往健身房或其他特定场所。

2. 多样性：市面上的健身视频种类繁多，涵盖了从初级到高级的各种难度级别，适合不同健身水平的人群。内容也非常丰富，包括有氧运动、力量训练、瑜伽、舞蹈、HIT（高强度间歇训练）等多种形式。

3. 经济性：与雇佣私人教练或前往健身房相比，观看健身视频是一种更经济的选择。许多健身视频在网上免费提供，即使是需要订阅的在线健身平台，费用也通常低于健身房会员费。

4. 指导性：优质的健身视频由专业的教练制作，他们在视频中不仅展示正确的运动姿势，还会讲解呼吸技巧、动作要领，以及常见错误的纠正方法，帮助用户降低运动伤害的风险。

5. 灵活性：用户可以根据自身需求和偏好选择视频，制定个性化的健身计划。不论是想要减肥、增肌、提高柔韧性，还是放松身心，都能找到合适的健身视频。

6. 互动性：尽管与现场教练相比存在一定差距，但许多在线健身平台和社交媒体上的健身视频都鼓励用户留言，分享体验、进度和成果，形成了一个互帮互助的社区氛围。

步骤 02 在了解了运动健身视频的特点后，切换至 Visla Video Maker 模型，在输入框内输入"生成一段运动健身视频，视频要具有指导性"，按【Enter】键确认，Visla Video Maker 将生成视频的链接，如图 10-13 所示。

> **ⓥ Visla Video Maker**
>
> ✓ Talked to openapi.visla.us
>
> 您的运动健身视频已经制作完成！您可以通过以下链接观看视频："Empower Your Fitness: A Comprehensive Guide"。为了对视频进行编辑和个性化定制，请使用此视频认领码：809525。请注意，认领码在24小时内有效。
>
> 如果您需要为这个视频设计一个封面或有其他任何需求，请让我知道！我很乐意帮助您进一步丰富视频内容。
>
> 🗋 ↻ 👎

图 10-13　Visla Video Maker 生成视频链接

步骤 03 单击提供的链接，进入 Visla 网站，单击右上角的 Save to Edit 按钮，弹出 Enter Claim Code 对话框，先输入 Visla 提供的认领码，然后单击 Save Video 按钮，如图 10-14 所示。

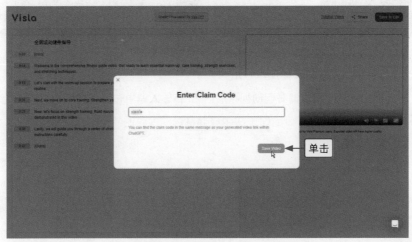

图 10-14　单击 Save Video 按钮

步骤 04 执行操作后，即可进入该视频的编辑界面，单击界面左侧的文本框，将英文字幕修改为中文，如图 10-15 所示。

图 10-15　将字幕修改为中文

步骤 05　用同样的方法将其他字幕也改成中文，单击右上角的 Export 按钮导出视频，如图 10-16
所示。

图 10-16　单击 Export 按钮（1）

步骤 06　弹出 Your project contains premium stock (video/music)[您的项目包含优质库存（视频 /
音乐）] 对话框，单击 Regenerate with Free Stock（使用免费库存重新生成）按钮，如图
10-17 所示。

图 10-17　单击 Regenerate with Free Stock 按钮

步骤 07　执行操作后，重新单击右上角的 Export 按钮，如图 10-18 所示。

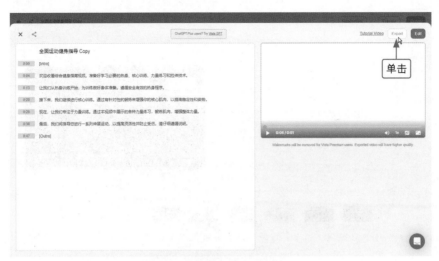

图 10-18　单击 Export 按钮（2）

步骤 08　进入视频预览页面，单击右下角的更多按钮 ⋯ ，在弹出的列表框中选择 Download 选项下载视频，如图 10-19 所示。稍等片刻，即可成功保存视频。

图 10-19　选择 Download 选项

　　Visla 中的优质库存需要升级至高级版账号才可以保存使用，否则 Visla 将会提示用户把优质库存的素材替换为免费库存的素材。

本章小结

　　本章主要介绍了 ChatGPT 中的 Visla Video Maker，详细说明了该 GPTs 的使用方法，并列举了附有效果展示的制作案例，帮助用户了解使用 Visla Video Maker 制作短视频的操作技巧。通过本章的学习，读者可以更好地运用 ChatGPT 中的 GPTs 进行 AI 视频的制作。

课后实训

效果展示 下面让 ChatGPT 通过 Visla Video Maker 制作音乐舞蹈视频，效果如图 10-20 所示。

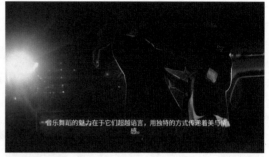

图 10-20 音乐舞蹈视频效果展示

下面介绍制作音乐舞蹈视频的具体操作方法。

步骤 01 在 Visla Video Maker 的输入框中输入"生成一个关于音乐舞蹈的视频"，按【Enter】键确认，Visla Video Maker 将生成视频的链接，如图 10-21 所示。

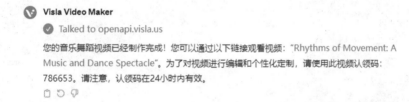

图 10-21 VislaGPTs 生成视频链接

步骤 02 单击提供的链接，进入 Visla 网站，如图 10-22 所示，在页面左侧显示着视频的文案脚本，右侧则显示生成的视频。

图 10-22 进入 Visla 网站

步骤 03 单击右上角的 Save to Edit 按钮，弹出 Enter Claim Code 对话框，输入 Visla 提供的认领码，单击 Save Video 按钮，即可保存视频。

GPTs 篇

第11章　教育学习：
实现个性化、高效化的学习体验

通过 ChatGPT 中的 GPTs 可以有效优化和增强学习过程，使
学习者能够以更高的效率进行学习。本章将介绍使用 ChatGPT 通
过 Diagrams: Show Me 与 Wolfram 绘制图表与处理专业性问题，
让大家对 GPTs 的功能更加熟悉。

11.1 Diagrams: Show Me：绘制并编辑图表

相比于文字描述，图表可以更快地传达相同的信息，而在 ChatGPT 中，我们可以使用 GPTs 生成图表，例如 Diagrams: Show Me。本节将详细讲述什么是 Diagrams: Show Me，并介绍它的安装方法与实战案例。

11.1.1 什么是Diagrams: Show Me

Diagrams: Show Me 可以根据描述创建和编辑流程图、思维导图和序列图等各种图表，帮助用户更好地理解和解释复杂的概念，如图 11-1 所示。Diagrams: Show Me 非常适合需要将复杂概念或数据可视化的用户，包括自媒体作者、教育内容创作者等。

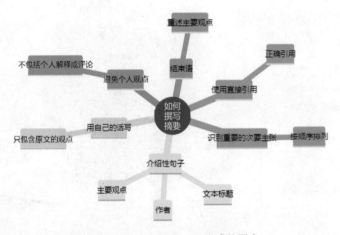

图11-1　Diagrams: Show Me生成的图表

11.1.2 搜索并安装GPTs

首先在 GPTs 商店中搜索并安装 Diagrams: Show Me，然后将其固定在侧边栏中，以便后续的操作，具体的操作方法如下。

步骤 01　进入 GPTs 商店页面，先在输入框中输入 Diagrams: Show Me，然后在弹出的列表框中选择 Diagrams: Show Me 选项，如图 11-2 所示。

图11-2　选择Diagrams: Show Me选项

步骤 02 跳转至新的 ChatGPT 页面，单击左上方 Diagrams: Show Me 旁边的下拉按钮 ∨，在弹出的列表框中选择"保持在侧边栏"选项，如图 11-3 所示，即可将 GPTs 保留在侧边栏。

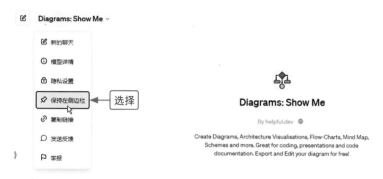

图11-3　选择"保持在侧边栏"选项

11.1.3 应用实战：制作柱状数据图

柱状数据图是一种通过柱子的高度或长度来展示数据量大小的图表。柱状图是数据分析和统计领域中常用的图表类型之一，因为它可以直观展示不同类别或组之间的比较关系。在 ChatGPT 中可以通过 Diagrams: Show Me 快速生成柱状数据图，具体操作如下。

步骤 01 在 Diagrams: Show Me 的输入框中输入相应的提示词，如图 11-4 所示，让其生成柱状数据图。

> 用柱状数据图的形式来解释2023年人工智能的增长，图中所有的内容都使用中文 ↑

图11-4　输入相应的提示词

步骤 02 按【Enter】键确认，ChatGPT 将通过 Diagrams: Show Me 绘制相应的图表，如图 11-5 所示。

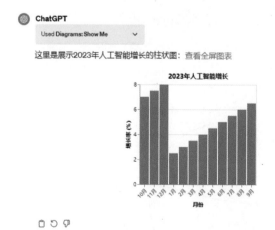

图11-5　ChatGPT通过Diagrams: Show Me绘制图表

步骤 03 单击相应的链接，进入"Edit Diagram（编辑图表）"网站，如图 11-6 所示，在该网站中可以对图表进行编辑。

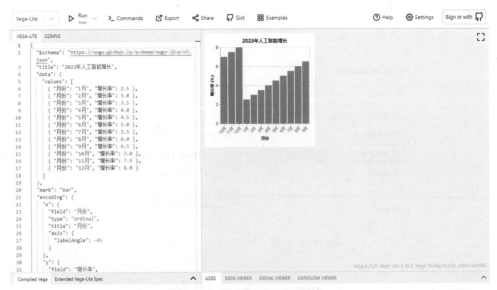

图11-6   进入Edit Diagram网站

11.1.4 应用实战：制作饼状数据图

饼状数据图是一种常见的数据可视化工具，用于展示各部分与整体之间的比例关系。在饼状数据图中，整个圆形代表数据的总和，而圆形内的扇形区域则代表数据集中各部分的比例。在 ChatGPT 中可以通过 Diagrams: Show Me 快速生成饼状数据图，具体操作如下。

步骤 01   在 Diagrams: Show Me 的输入框中输入相应的提示词，如图 11-7 所示，让 Diagrams: Show Me 生成饼状数据图。

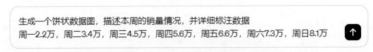

图11-7   输入相应的提示词

步骤 02   按【Enter】键确认，Diagrams: Show Me 将绘制相应的图表，如图 11-8 所示。

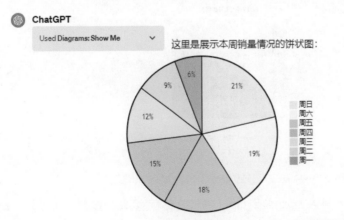

图11-8   ChatGPT通过Diagrams: Show Me绘制图表

单击"下载 PNG 图片"链接，会弹出"另存为"对话框，先选择合适的保存位置，然后单击"保存"按钮，即可将饼状数据图以 PNG 图片文件格式进行保存。

步骤 03 单击"通过代码编辑"链接，进入 Edit Diagram 网站，如图 11-9 所示，在该网站中可以对图表进行编辑。

图11-9 进入Edit Diagram网站

需要注意的是，不同样式的图表，通过链接进入编辑图表的网站也会有所不同，但其功能都是大致相同的，用户仍然可以在网站中对图表进行编辑。

11.2 Wolfram：处理专业性问题

Wolfram 有着丰富的计算库与强大的计算能力，ChatGPT 可以通过 Wolfram 解答各种科学和数学问题，提供详细的步骤与解释，帮助用户处理困难问题。本节将详细讲述什么是 Wolfram，并介绍它的安装方法与实战案例。

11.2.1 什么是Wolfram

Wolfram Alpha 是一个拥有各领域知识的计算引擎，它能够理解和回答用自然语言提出的具体问题，并提供详细的计算过程和答案，而 Wolfram 是一款将 Wolfram Alpha 的计算能力和 ChatGPT 的语言模型相结合的 GPTs，它使 ChatGPT 能够进行准确的计算，大大增强其专业领域的输出能力。

Wolfram 可以为 ChatGPT 提供强大的计算能力和数据分析功能，它们可以应用于各个领域，从简单的数学计算到复杂的数据分析，再到图形绘制、编程、教育和科研等。例如，向 Wolfram 提问"一个袋子里有 3 个红球和 2 个蓝球，连续抽取 3 个球，全部为红球的概率是多少？"，Wolfram 会根据提问进行数学计算，如图 11-10 所示。

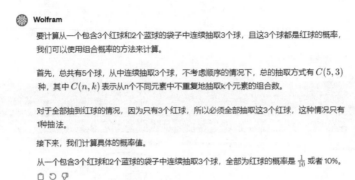

图11-10　Wolfram进行数学计算

11.2.2 搜索并安装GPTs

在 GPTs 商店中搜索并安装 Wolfram，才能进行后续的操作。下面介绍具体的操作方法。

步骤 01 进入 GPTs 页面，在搜索框中输入 Wolfram，在弹出的列表框中选择 Wolfram 选项，如图 11-11 所示，即可安装 GPTs。

图11-11　选择Wolfram选项

步骤 02 跳转至新的 ChatGPT 页面，单击左上方 Wolfram 旁边的下拉按钮∨，在弹出的列表框中选择"保持在侧边栏"选项，如图 11-12 所示，即可将 GPTs 保留在侧边栏中。

图11-12　选择"保持在侧边栏"选项

11.2.3 应用实战：制作方程图示

方程图示指的是在坐标系中表示方程解集的图形，这种图形可以帮助我们直观地理解方程的性质和解的分布，在 ChatGPT 中可以通过 Wolfram 快速生成方程图示。下面介绍具体的操作方法。

步骤 01 在 Wolfram 的输入框中输入相应的提示词，让 Wolfram 生成方程图示，如图 11-13 所示。

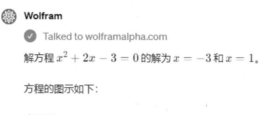

图11-13 输入相应的提示词

步骤 02 按【Enter】键确认，Wolfram 将生成方程图示，效果如图 11-14 所示。

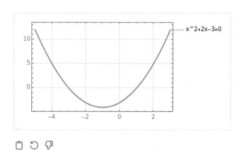

图11-14 Wolfram生成方程图示

11.2.4 应用实战：制作函数三维图

函数三维图是指在三维空间中对函数进行的图形表示，这种图形表示可以帮助我们直观地理解函数在三维空间中的行为和特性。在 ChatGPT 中可以通过 Wolfram 快速生成函数三维图，具体操作方法如下。

步骤 01 在 Wolfram 的输入框中输入相应的提示词，让 Wolfram 生成函数三维图，如图 11-15 所示。

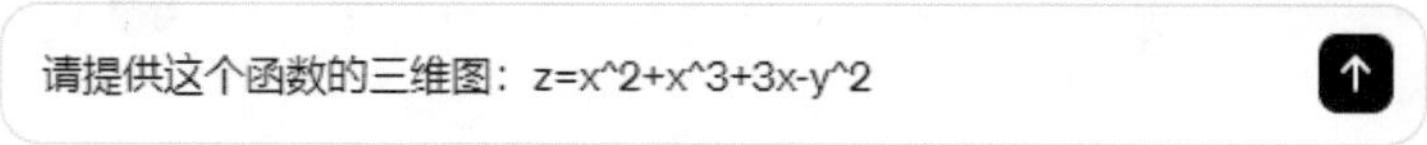

请提供这个函数的三维图：z=x^2+x^3+3x-y^2

图11-15 输入相应的提示词

步骤 02 按【Enter】键确认，Wolfram 将生成函数三维图，效果如图 11-16 所示。

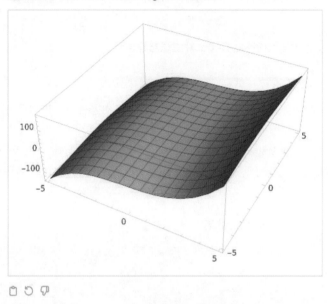

🌐 **Wolfram**

✅ Talked to chatgpt.wolframcloud.com

这是函数 $z = x^2 + x^3 + 3x - y^2$ 的三维图示：

图11-16 ChatGPT通过Wolfram生成函数三维图

本章小结

本章主要介绍了 ChatGPT 中提高学习效率的 GPTs，分别是适合绘制与编辑图表的 Diagrams: Show Me 和能够处理专业性问题的 Wolfram。通过本章的学习，读者可以更好地运用 ChatGPT 中的 GPTs 辅佐日常的学习。

课后实训

下面让 ChatGPT 通过 Wolfram 制作方程图示，具体操作方法如下。

步骤 01 在 Wolfram 的输入框中输入"请解答这个方程：x^6-8x^2+7x=2，并生成方程图示"，让 Wolfram 生成方程图示，如图 11-17 所示。

请解答这个方程：x^6-8x^2+7x=2，并生成方程图示　⬆

图11-17 输入相应的提示词

步骤 02 按【Enter】键确认，Wolfram 将生成方程图示，效果如图 11-18 所示。

Wolfram

✅ Talked to wolframalpha.com

解方程 $x^6 - 8x^2 + 7x = 2$ 的近似解为：

- $x \approx -1.87302$
- $x \approx 1.41962$
- $x \approx -0.21108 - 1.71387i$
- $x \approx -0.21108 + 1.71387i$
- $x \approx 0.437778 - 0.246161i$

这表示方程有 6 个解，每个解都是一个特定的根，这些根可以通过数值方法得到。

方程的图示如下所示：

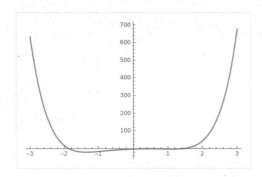

图中显示了方程 $x^6 - 8x^2 + 7x - 2 = 0$ 在 -3 到 3 范围内的行为。

图11-18　Wolfram生成方程图示

第12章 职场办公：
用 AI 工具提升工作效率与质量

用户可以利用 ChatGPT 中的 GPTs 提高日常工作的效率与质
量，通过 AI 技术优化工作流程、自动化重复性任务等方式，来
提高个人和团队的工作效率和生产力。本章将介绍 Doc Maker 与
PDF Ai PDF 的使用方法，帮助大家快速掌握 GPTs 的用法。

12.1 Doc Maker：生成高质量文档

ChatGPT 能够根据提示词生成文字信息，而在 Doc Maker 帮助下，ChatGPT 能够生成各种类型的高质量文档，节省用户大量的时间，使文档生成过程更加高效。本节将详细讲述什么是 Doc Maker，并介绍它的安装方法与实战案例。

12.1.1 什么是Doc Maker

Doc Maker 是一个专门制作文档的 GPTs，它可以根据用户的要求快速生成简历和求职信等文档，如图 12-1 所示，并支持 DOCX、XLSX、CSV 和 HTML 等格式。

图12-1　Doc Maker生成的"年轻人的运动健康生活指南"

12.1.2 搜索并安装GPTs

要想使用 Doc Maker 生成高质量文档，首先需要在 GPTs 商店中搜索 Doc Maker 并进行安装，具体操作如下。

步骤 01　进入 GPTs 页面，在搜索框中输入 Doc Maker，在弹出的列表框中选择 Doc Maker 选项，如图 12-2 所示。

GPTs

发现并创建自定义版本的**ChatGPT**，这些版本结合了指令、额外知识和任何技能组合。

图12-2　选择Doc Maker选项

步骤 02　跳转至新的 ChatGPT 页面，单击左上方 Doc Maker 旁边的下拉按钮 ˅，在弹出的列表框中选择 "保持在侧边栏" 选项，如图 12-3 所示，即可将 GPTs 保留在侧边栏中。

图12-3　选择 "保持在侧边栏" 选项

12.1.3 应用实战：制作简历

在 ChatGPT 中可以通过 Doc Maker 快速生成简历，与手动编写简历相比，AI 生成简历耗时更少。下面介绍具体的操作方法。

步骤 01　在 Doc Maker 的输入框中输入相应的提示词，让 Doc Maker 根据信息生成一篇简历，如图 12-4 所示。

图12-4　输入相应的提示词

步骤 02　按【Enter】键确认，Doc Maker 将生成一篇计算机专业学生简历的链接，如图 12-5 所示。

图12-5　ChatGPT通过Doc Maker生成简历链接

步骤 03　单击 Doc Maker 提供的链接，进入 Doc Maker 网站，即可查看生成的简历，如图 12-6 所示。在该网站中可以对生成的文档进行编辑、导出等操作。

图12-6　进入Doc Maker网站查看生成的简历

12.1.4 应用实战：生成报告

ChatGPT 通过 Doc Maker 还可以快速生成报告，比如数据分析报告、市场研究报告、新闻摘要等。下面介绍通过 Doc Maker 生成报告的具体操作方法。

步骤 01　在 Doc Maker 的输入框中输入相应的提示词，如图 12-7 所示。

图12-7　输入相应的提示词

步骤 02　按【Enter】键确认，Doc Maker 将生成气候变化影响的报告，如图 12-8 所示。

图12-8　ChatGPT通过Doc Maker生成气候变化影响报告

步骤 03　单击"点击这里查看报告"链接，进入 Doc Maker 网站，即可查看生成的报告，如图 12-9 所示。

图12-9　进入Doc Maker网站查看生成的报告

12.2 PDF Ai PDF：快速分析PDF文档

用户可以通过 PDF Ai PDF 快速分析 PDF 文档，以此减少时间成本，提高工作效率。本节将详细讲述什么是 PDF Ai PDF，并介绍它的安装方法与实战案例。

12.2.1 什么是PDF Ai PDF

PDF Ai PDF 具有很强的信息整合能力，它能够快速帮助用户提取文本信息、总结关键信息、搜索特定内容，如图 12-10 所示。

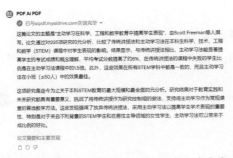

图12-10　PDF Ai PDF快速检索PDF的文本内容

12.2.2 搜索并安装GPTs

在使用PDF Ai PDF之前需要在GPTs商店中进行搜索并安装，先在GPTs商店的输入框中输入GPTs的名称，然后进行安装，具体操作如下。

步骤 01 进入 GPTs 页面，在输入框中输入 Ai PDF，在弹出的列表框中选择 PDF Ai PDF 选项，如图 12-11 所示。

图12-11　选择PDF Ai PDF选项

步骤 02 跳转至新的 ChatGPT 页面，单击左上方 PDF Ai PDF 旁边的下拉按钮 ⌄，在弹出的列表框中选择"保持在侧边栏"选项，如图 12-12 所示，即可将 GPTs 保留在侧边栏中。

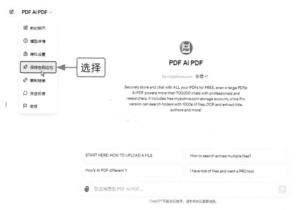

图12-12　选择"保持在侧边栏"选项

12.2.3 应用实战：总结PDF文档

使用 PDF Ai PDF 可以快速归纳总结 PDF 文档中的信息。下面介绍通过 PDF Ai PDF 总结论文要点的具体操作方法。

步骤 01 在 PDF Ai PDF 的输入框中先输入"请为我总结论文的要点"，然后在其后面输入相应的 PDF 链接，按【Enter】键确认。PDF Ai PDF 会告诉我们，需要访问 Ai PDF 网站并上传 PDF 文件，单击"上传文件到 Ai PDF"链接或输入网址进入网站，如图 12-13 所示。

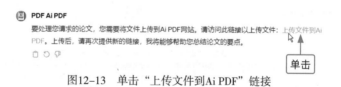

图12-13　单击"上传文件到Ai PDF"链接

步骤 02 进入网站后，能够看到刚才的 PDF 文件已经自动上传在网站中了，单击"复制到 ChatGPT"按钮 ▢，如图 12-14 所示。

图12-14　单击"复制到ChatGPT"按钮 ▢

| ChatGPT 4 应用详解 | AI 文案 + AI 绘画 + AI 视频 + GPTs

步骤 **03** 弹出"提示编辑器"对话框，单击"保存提示并复制到 CHATGPT"按钮，即可复制文档链接，如图 12-15 所示。

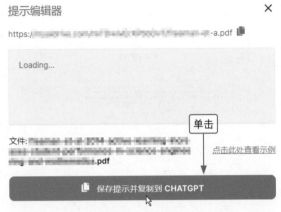

图12-15 单击"保存提示并复制到CHATGPT"按钮

步骤 **04** 回到 ChatGPT 中，先在 PDF Ai PDF 的输入框中输入相应的提示词，然后粘贴刚才复制的文档链接，如图 12-16 所示。

图12-16 输入相应的提示词并粘贴文档链接

步骤 **05** 按【Enter】键确认，即可让 PDF Ai PDF 总结出论文的要点，并附带了参考链接，如图 12-17 所示。

PDF Ai PDF

这篇论文的标题为"主动学习在科学、工程和数学教育中提高学生表现"，作者为 Scott Freeman 等。论文通过对 225 项研究的元分析，比较了在本科科学、技术、工程和数学（STEM）课程中，传统讲授法与主动学习法对学生考试成绩或失败率的影响。结果显示，与传统讲授法相比，主动学习法能显著提高学生的考试成绩和概念理解，平均考试成绩提高了约 6%，在传统讲授的课程中失败的学生比例是在采用主动学习的课程的 1.5 倍。此外，研究还发现主动学习法在所有 STEM 学科中都有效，无论课堂大小，只是在小班（50 人以下）中效果最佳。研究还指出，主动学习对于提高学生在概念库测试上的表现比课程考试成绩更为有效。这项研究是迄今为止最大规模和最全面的关于本科 STEM 教育的元分析，强调了在常规课堂教学中采用主动学习法的重要性和有效性。

论文还提出了对传统讲授法作为研究对照组的质疑，支持将主动学习作为优选的、经验验证的教学实践。研究结果对于如何提高 STEM 学科的学生留存率和毕业率提供了解决方案，即通过减少学生失败率和提高成绩来实现。此外，这些发现对于未来的教育研究具有指导意义，建议未来的研究应更多地关注如何优化主动学习策略，以及如何针对特定学科或学生群体选择最合适和最有效的主动学习方法。

参考链接：▆▆▆▆.pdf

图12-17 PDF Ai PDF总结出论文的要点

12.2.4 应用实战：分析PDF文档

PDF Ai PDF 除了具有总结 PDF 文档的功能，还可以用来快速检索 PDF 的文本内容。下面介绍通过 PDF Ai PDF 分析文献的具体操作方法。

步骤 01 先在 PDF Ai PDF 的输入框中输入"请帮我阅读文献，用要点的形式给出文章的标题、摘要的总结、讨论和结论，并尝试告诉我这篇文章的 limitations（局限性）"，然后按【Enter】键确认，PDF Ai PDF 会让我们提供 PDF 链接，如图 12-18 所示。

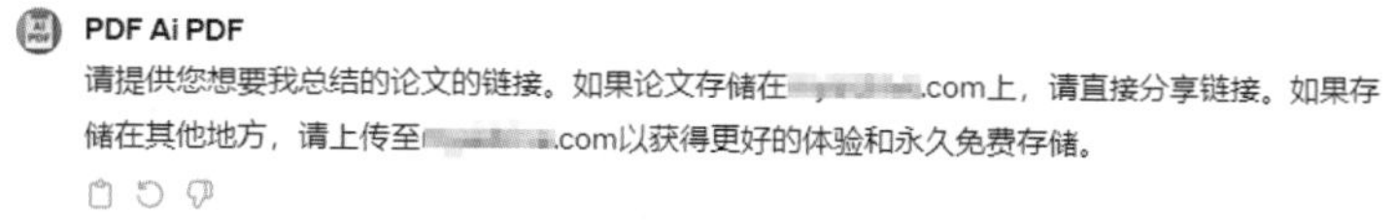

PDF Ai PDF

请提供您想要我总结的论文的链接。如果论文存储在████████.com上，请直接分享链接。如果存储在其他地方，请上传至████████.com以获得更好的体验和永久免费存储。

图12-18 PDF Ai PDF索取PDF链接

步骤 02 输入需要分析的 PDF 文档链接，按【Enter】键确认，PDF Ai PDF 将分析出 PDF 文档的信息，生成相应的回答，如图 12-19 所示。

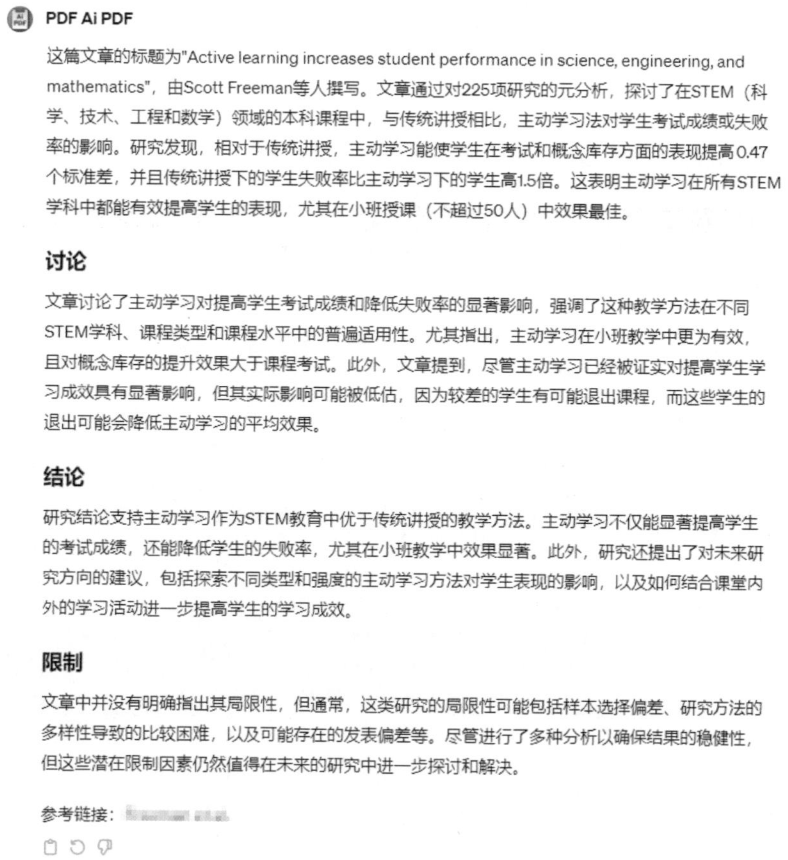

PDF Ai PDF

这篇文章的标题为"Active learning increases student performance in science, engineering, and mathematics"，由Scott Freeman等人撰写。文章通过对225项研究的元分析，探讨了在STEM（科学、技术、工程和数学）领域的本科课程中，与传统讲授相比，主动学习法对学生考试成绩或失败率的影响。研究发现，相对于传统讲授，主动学习能使学生在考试和概念库存方面的表现提高0.47个标准差，并且传统讲授下的学生失败率比主动学习下的学生高1.5倍。这表明主动学习在所有STEM学科中都能有效提高学生的表现，尤其在小班授课（不超过50人）中效果最佳。

讨论

文章讨论了主动学习对提高学生考试成绩和降低失败率的显著影响，强调了这种教学方法在不同STEM学科、课程类型和课程水平中的普遍适用性。尤其指出，主动学习在小班教学中更为有效，且对概念库存的提升效果大于课程考试。此外，文章提到，尽管主动学习已经被证实对提高学生学习成效具有显著影响，但其实际影响可能被低估，因为较差的学生有可能退出课程，而这些学生的退出可能会降低主动学习的平均效果。

结论

研究结论支持主动学习作为STEM教育中优于传统讲授的教学方法。主动学习不仅能显著提高学生的考试成绩，还能降低学生的失败率，尤其在小班教学中效果显著。此外，研究还提出了对未来研究方向的建议，包括探索不同类型和强度的主动学习方法对学生表现的影响，以及如何结合课堂内外的学习活动进一步提高学生的学习成效。

限制

文章中并没有明确指出其局限性，但通常，这类研究的局限性可能包括样本选择偏差、研究方法的多样性导致的比较困难，以及可能存在的发表偏差等。尽管进行了多种分析以确保结果的稳健性，但这些潜在限制因素仍然值得在未来的研究中进一步探讨和解决。

参考链接：████████ ████

图12-19 PDF Ai PDF分析出文档的信息

本章小结

本章主要介绍了适合生成高质量文档的 Doc Maker 和能够快速分析 PDF 文档的 PDF Ai PDF，这两个 GPTs 可以有效提高 ChatGPT 对职场办公的辅助作用。通过本章的学习，读者可以更好地运用 ChatGPT 中的 GPTs 功能。

课后实训

下面让 ChatGPT 通过 Doc Maker 制作一份简历，具体操作方法如下。

步骤 01 在 Doc Maker 的输入框中输入"我叫李四，是一名互联网前端工程师，掌握常用的前端框架知识，请帮我生成一份求职简历，要求简历内容能够体现我的技术能力"，按【Enter】键确认，Doc Maker 将生成李四的求职简历，如图 12-20 所示。

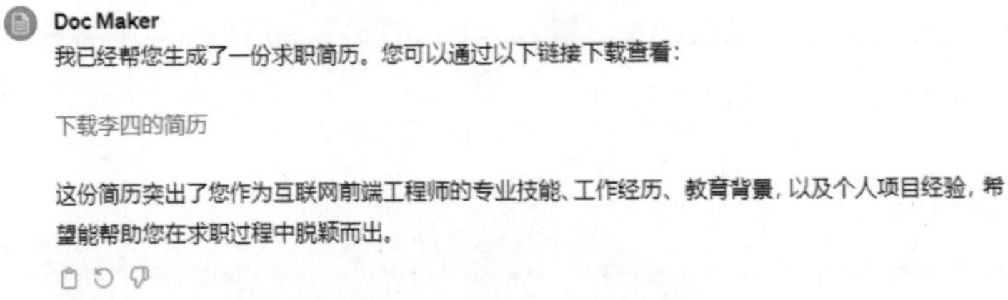

> 📄 **Doc Maker**
> 我已经帮您生成了一份求职简历，您可以通过以下链接下载查看：
>
> 下载李四的简历
>
> 这份简历突出了您作为互联网前端工程师的专业技能、工作经历、教育背景，以及个人项目经验，希望能帮助您在求职过程中脱颖而出。
>
> 🗑 ↺ 👎

图12-20　Doc Maker生成简历

步骤 02 单击提供的链接，进入 Doc Maker 网站，即可查看生成的简历，如图 12-21 所示。

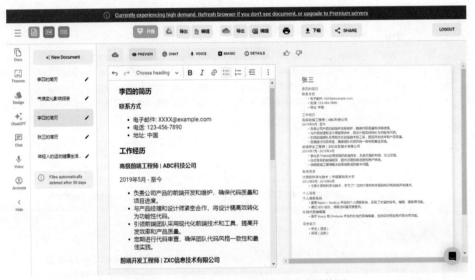

图12-21　进入Doc Maker网站查看生成的简历